LOISIUM

SÜD STEIER MARK

in touch with wine and architecture

Texte von / Texts by
Georg Bliem, Harry Gatterer,
Stephan Gillich, Gudrun Hausegger,
Werner Schandor

HATJE CANTZ

Herausgegeben von / Edited by
LIUBISA – Familien-Privatstiftung

INHALT
CONTENTS

Blick auf das Mausoleum von Ehrenhausen
und das LOISIUM Wine & Spa Resort
Südsteiermark
—
View towards Ehrenhausen's mausoleum
and the LOISIUM Wine & Spa Resort
Südsteiermark

Georg Bliem

VORWORT
PREFACE

Wenn ich den Beruf eines Touristikers, ob er jetzt in einem Hotel arbeitet, in einem Marketingunternehmen oder in einem Reisebüro, umschreiben möchte, dann sage ich gern, dass wir alle »professionelle Wunscherfüller« sind, da ein Urlaub sehr viel können muss.

Der Urlauber möchte mehr Zeit haben für den Partner, die Familie und natürlich für sich selbst, er möchte, was zu kurz gekommen ist, nachholen – oder aber er möchte Neues dazu- und kennenlernen. Er wünscht sich eine Veränderung, eine Gegenwelt zum Alltag, aber nicht allzu viel davon. Heute dauern Urlaube oft weniger lang als noch vor zehn oder fünfzehn Jahren, das Aktivitätsvolumen ist aber nicht geringer geworden. Demgegenüber steht aber auch das viel gerühmte Nichtstun (was ist das eigentlich?) auf der Agenda. Ja, auch im Urlaub gibt es eine Agenda oder To-do-Liste.

Wie nehme ich diese unterschiedlichen Ansprüche wahr? Nachfolgend meine persönliche Antwort als Touristiker, die wahrscheinlich für viele Gäste ebenso gelten kann.

Aufgewachsen mit und in den Bergen, präsentiert sich mir ein ganz anderes Landschaftsbild, wenn ich ins Weinland fahre. Die sanften Weinberge stellen einen bereichernden Kontrast zum Vertrauten her. Diese topografische Gegensätzlichkeit wird häufig im Urlaub gesucht, weil sie der erste wahrnehmbare Unterschied zum Alltag ist. Ein früherer Frühling, ein längerer Herbst im Süden – auch dieser jahreszeitliche Unterschied ist oft sehr deutlich. Wir bei Steiermark Tourismus stellen daher ganz bewusst drei verschieden ausgeprägte Landschaften – Berge & Wälder, Wein & Gärten, Städte & Begegnungen – in den Vordergrund unserer

When I describe what it is like to be a tourism professional – whether in a hotel, marketing firm or travel agency – I tend to say that we are all "professional wish-fulfillers", because so much is expected of vacations.

When on vacation one would like to have more time for one's companion, one's family, and of course, for oneself – a compensation for what's perceived to have been missed. On the other hand, vacation is seen by many as an opportunity to become acquainted with something new. One desires a change, a world that differs starkly from one's daily routine – but not all that much. Vacations are now often shorter than they were just ten or fifteen years ago, but the overall activity has not decreased. This is in contrast to the much-touted *dolce far niente* (is anyone sure exactly what that is?) that some people have on the agenda. Yes, even when we're on vacation, we have a checklist of things to do.

How do I perceive these different demands? What follows is my personal take, as a tourism professional, and it may also have validity for many of our guests.

I grew up in the mountains, so when I travel to wine country, I encounter a fundamentally different landscape. The gentle hillside vineyards constitute an enriching contrast to my everyday surroundings. A vacationer often seeks out this sort of topographic polarity, because it is the first thing that sets a vacation apart from day-

Markenarbeit für die Steiermark, damit Sehnsüchte geweckt und entsprechend gestillt werden können.

Ich erlebe vor allem auch die Esskultur im Süden des Landes anders, als ich es gewohnt bin, das Sich-Zeit-Nehmen dafür beziehungsweise generell die Bedeutung des Miteinander-Essens als kommunikative Basis. Die Menschen in einem fruchtbaren Landstrich gehen mit diesen Bodenschätzen, so empfinde ich das, anders um als Menschen, in deren Tradition diese nicht vorhanden sind. Gerade heute hat dieses Thema durch die Industrialisierung der Nahrungskette eine große Brisanz, auch weil das Wissen um Lebensmittel und deren Wert verloren zu gehen droht. Diese gesellschaftliche Entwicklung spielt dem Tourismus regelrecht in die Hand, wenn wir sorgsam mit diesem Erbe umgehen. Die Steiermark hat hier größte Chancen im internationalen Vergleich.

So wie ich die Berge in meinem Kopf gespeichert habe und als Filter automatisch einsetze, so kommen viele Gäste aus einem urbanen Umfeld mit einer ganz anderen gespeicherten Formensprache in den Süden und erwarten sich oft zweierlei: Einerseits gibt es das Bedürfnis nach dem »Urigen«, dem oft romantisch verklärten »Alten«, andererseits soll aber gerade im Wohnen die zeitgemäße Designsprache gepflegt werden. Als sich die ersten Weingüter ein modernes Erscheinungsbild zulegten – oft genug sehr kritisch beäugt – waren sie vereinzelte Exoten. Dann zogen Restaurants nach, Hotels, Privathäuser, ... Heute sieht man, wie gut Altbekanntes und Neues harmonieren können, gerade weil unterschiedliche Bedürfnisse damit gestillt werden können.

to-day life. Spring begins earlier and fall lasts longer in the south, so the differences are often quite pronounced. Correspondingly, *Steiermark Tourismus* (a travel agency specializing in travel to Styria) deliberately features three distinct landscapes – mountains and woods, wine and gardens, cities and encounters – in our marketing strategy for Styria, to awaken desires that can, in turn, be fulfilled.

But there is something particular about the dining culture in the southern reaches: people there make time for it, and, generally speaking, understand the significance of eating as a chance to get together and converse. People who live in a fertile stretch of land have a different attitude toward natural resources, it seems to me, than those living in areas in which no such tradition exists. The industrialization of the food chain, in particular, has made nourishment a contentious topic, a situation that is exacerbated by the fact that we are in danger of losing touch with how our food is produced and of disregarding its value. This social development plays right into tourism's hands, so to speak, if we deal carefully with this heritage. In this area, Styria's greatest opportunities are in the international context.

And just as I have stored the mountains in my mind's eye and employ them automatically as a filter, many of the guests who come from an urban environment have, of course, very different impressions and often expect two contradictory things when they travel to southern Styria:

Als Touristiker kann ich nur froh sein, dass es heute diese kontinuierliche Weiterentwicklung gibt und diese intensive Auseinandersetzung mit den Stärken unserer Region.

Es heißt, Gäste lieben (und verlangen) Innovationen, das Neue. Das unterschreibe ich sofort, wenn – das ist meine Einschränkung – sie dem Markenkern einer Destination wie der Steiermark entsprechen. Dann fällt professionelles Wunscherfüllen leicht(er).

Georg Bliem
Steiermark Tourismus Geschäftsführer

Graz, im März 2013

on the one hand, there is a desire for rusticity, and for a romanticized notion of what is "old", but, on the other hand, with respect to one's accommodation, there is an expectation that contemporary design be cultivated. When the first winemakers acquired a modern look – and were often roundly criticized for it – they were scattered "exotic" characters. Then restaurants, hotels, and single-family homes followed suit. It has now become apparent how well old and new can harmonize, and in the process, different expectations can be met.

As a tourism expert I am gratified that there is a continued development and intensive interest in the strengths of our region.

A familiar claim is that the guests love (and demand) innovation, something new. I'll sign on to that, as long as – and this is my only reservation – these changes are in keeping with the brand essence of a destination such as Styria. That makes it easier to be a professional wish-fulfiller.

Georg Bliem
Steiermark Tourismus Managing Director

Graz, March 2013

Stephan Gillich

EINFÜHRUNG
PROLOGUE

Vor mehr als 40 Jahren hatte ich das Glück, durch den Polier meiner damaligen Brückenbaustelle auf die Südsteiermark aufmerksam gemacht zu werden und die wunderbare Landschaft der südsteirischen Weinstraße und ihre fleißigen Bewohnerinnen und Bewohner kennenzulernen. Franz Grill war Nebenerwerbsweinbauer und – wie viele Männer dieser schönen, aber relativ armen Gegend – in der Bauwirtschaft tätig.

Viele meiner Jugend- und Geschäftsfreunde, denen ich diese reizvolle, steile, aber auch sanfte Hügelwelt zeigte, waren von den gastfreundlichen Menschen, den ausgezeichneten regionalen Produkten, wie der »Brettljause«, dem »Verhackerten«, dem »Backhenderl« und dem vielfältigen Wein- und Mehlspeisenangebot begeistert und kamen gerne immer wieder. Das Miterleben, wie sich diese Region mit Fleiß und Mut zu einer internationalen Top-Destination entwickelt hat, ist für den von Anfang an in die Weinstraße verliebten Genießer etwas Besonderes.

Ehrenhausen mit dem am Hügel majestätisch thronenden Schloss und dem Mausoleum ist für mich das Tor zur südsteirischen Weinstraße. Projektentwicklung im touristischen Bereich hat sich bei mir zum leidenschaftlichen Hobby entwickelt und daher war ich Feuer und Flamme, als sich die Möglichkeit ergab, auf dem wunderschönen Hang abseits des Schlosses ein großes Wellnesshotel als touristischen Leitbetrieb für die gesamte Region zu entwickeln. Obwohl die Menschen der Region von dieser Idee begeistert waren, mussten unzählige Gespräche geführt und Stolpersteine entfernt werden, bis nach rund acht Jahren der Weg für die Errichtung des »LOISIUM

More than forty years ago I had the good fortune to be introduced to South Styria by the foreman of my bridge construction site, and to subsequently become acquainted with the wonderful landscape of the South Styrian wine route, and with its hard-working residents. Franz Grill was a part-time vintner, and – like many men in this beautiful but relatively poor region – worked in construction.

Over the years I've shown this delightful, steep yet gentle, hilly landscape to many of my childhood friends and business colleagues. They were fascinated by the hospitality and the outstanding regional products – such as the *brettljause* (cold-cuts served on a wood block), *verhackerten* (chopped-meat spread), fried chicken and the great variety of wine and hearty deserts – and have returned time and again. Experiencing how, through the people's diligence and courage, this region has become a top international tourist destination, has been something extraordinary for a hedonist like me who fell in love with the wine route from the start.

Ehrenhausen – with the castle majestically crowning the hill and the mausoleum – is the gate to the South Styrian wine route. Project development in the tourism industry has developed into a passionate hobby of mine, and therefore I was all for it when the opportunity arose to develop a large wellness hotel as a path-breaking tourist endeavour for the entire

Das LOISIUM Hotel mit Weingarten im Sommer
—
The LOISIUM Hotel with vineyard in summer

Wine & Spa Resort Südsteiermark« in Ehrenhausen frei war. Architekt Peter Zinganel und sein Team haben ein architektonisch hervorragendes Projekt in die Landschaft eingefügt, das dem Gast einen einmaligen Ausblick in diese schöne Gegend ermöglicht.

Ich bin überzeugt, dass die LOISIUM-Gruppe mit ihrer großen touristischen Erfahrung das Haus in eine erfolgreiche Zukunft führen wird. Mein herzlichster Dank gilt allen Mitkämpferinnen und -kämpfern bei der Projektentwicklung und -realisierung.

Stephan Gillich
Ehem. Vorstandsvorsitz bei der Porr Technobau und Umwelt AG sowie bei der Porr Projekt und Hochbau AG

region on the exceedingly beautiful slope in the vicinity of the castle. Although the people of the region were enthusiastic about this idea, there were numerous conversations to be had and hurdles to surmount. It took about eight years until the path was clear for the construction of LOISIUM Wine & Spa Resort Ehrenhausen. Architect Peter Zinganel and his team have inserted an outstanding work of architecture in the landscape – one that provides guests with an unparalled view of this beautiful region.

I am convinced that thanks to its considerable experience within the tourism industry, the LOISIUM Group will guide the hotel to success. My sincere thanks to all of my companions in the project's development and realization.

Stephan Gillich
Former chairman of the Porr Environmental Engineering board of directors and of the Porr Building Construction Division board of directors

Blick gegen Westen: Frühlings-
stimmung am Schlossberg
—
Looking west: a spring scene
on Schlossberg

Frühe Abendstunde am beheizten Weingarten Pool

—

Early evening at the heated vineyard pool

Die Hotelzufahrt und der
Eingangsbereich zum Hotel
—
The approach to the hotel
and its entrance

rechts:
Die auskragende Südseite
des Hotels bei Nacht
—
right:
The cantilevering south side
of the hotel at night

Gewitterstimmung in Ehrenhausen
—
A storm brewing in Ehrenhausen

rechts:
Ein Herbstmorgen
—
right:
A fall morning

Werner Schandor

DAS SÜDSTEIRISCHE ELYSIUM – Eine Annäherung

THE SOUTH STYRIAN ELYSIUM – An introduction

Die Hügel der Weinberge im Streulicht des Morgens/Abends, flüchtige Nebelschwaden, die über den Tälern liegen, dazu Klapotetze auf den steilen Rieden, und auf den Hügelkuppen Pappeln, die den Himmel kitzeln; entlang der Wege Weinbaubetrieb, der sich an Weinbaubetrieb reiht – so schaut das südsteirische Weinland gerne auf Prospekten aus, und das Gute daran ist: So präsentiert sich der Süden vom Bezirk Leibnitz auch in Wirklichkeit vielerorts.

»Die erste Nacht blieb ich in Ehrenhausen, einem ganz hübschen Städtchen, das seinem Namen Ehre macht, wo ich von meiner lieben Murr Abschied nahm. [...] Der Weg von Ehrenhausen nach Mahrburg ist ein wahrer Garten, links und rechts mit Obstpflanzungen und Weinbergen.« Der Urheber des Zitats war Soldat, Philosoph und Schriftsteller, und er kam im Jahr 1802 auf dem Weg von Berlin nach Sizilien durch die Steiermark. Ob Johann Gottfried Seume der erste Tourist war, der die Gegend erkundete, lässt sich nicht sagen; mit Sicherheit aber war er der erste Schriftsteller, der die Schönheiten der Südsteiermark mit klarem Blick bündig zusammenfasste, nachzulesen in Seumes bekanntestem Buch, dem »Spaziergang nach Syrakus im Jahre 1802«, mit dem er die Gattung der modernen Reiseschriftstellerei in der deutschen Literatur begründete. Seumes berühmteste Gedichtzeile – zumindest wird sie ihm zugeschrieben – lautet übrigens: »Wo man singt, da lass dich nieder; böse Menschen kennen keine Lieder.«

So wollen wir ein Liedchen anstimmen auf eine Gegend, die vielen als eine der schönsten Weinanbaugebiete Europas gilt, als Gelobtes Land, wo zwar nicht Milch und Honig fließen, aber Wein und Brettljausen kredenzt

The vineyard hills in the scattered light of dawn or dusk, fleeting patches of mist suspended above the valleys, fragile scarecrows amid steep fields, hilltop poplars stroking the sky, and wineries lined up one next to the other along the lanes – that's what the travel brochures lead us to believe the South Styrian wine country looks like. And the great thing is: this is indeed how many of the locations in the southern part of the Leibnitz district really present themselves.

"The first night I stayed in Ehrenhausen, a lovely little city that lives up to its name, and where I had to take leave of my beloved Mur River. [...] The road from Ehrenhausen to Marburg (Maribor) is a veritable garden, with orchards and vineyards on either side." This quote stems from Johann Gottfried Seume, a soldier, philosopher and author who visited Styria in 1802 on his journey from Berlin to Sicily. Whether he was the first true tourist to visit the area cannot be verified, but Seume was without doubt the first author to chronicle the beauty of South Styria in a concise and lucid manner. He did so in *A Stroll to Syracuse,* his most renowned book, with which he created the genre of modern German travel literature. Seume's most famous lines of poetry – they are, at any rate, attributed to him – have become embedded in collective memory: "Where people sing, settle yourself down – wicked folk have no songs."

So let's dedicate a song to a place viewed by many as one of Europe's most beautiful wine-

werden: das südsteirische Weinland. Seine Kernregion erstreckt sich westlich der Mur von Ehrenhausen bis Leutschach und Arnfels und wird im Süden von der Grenze zu Slowenien und im Norden vom Flüsschen Laßnitz begrenzt, das um das Sausal seinen Bogen zieht. In seinem Landschaftsbild wird die Gegend von Hügelgruppen geprägt, die die steilsten Weinhänge Europas beherbergen: das Sausal im Norden mit dem 671 Meter hohen Demmerkogel und die Windischen Bühel, die sich über die steirisch-slowenische Grenze bis zur Drava/Drau hinziehen und nördlich von Maribor bis über 900 Meter Seehöhe erreichen.

DIE GRENZE ALS TOURISMUSMOTOR

Geopolitisch ist die Südsteiermark eine junge Region, gewissermaßen ein Nebenprodukt des Ersten Weltkrieges. Mit der Niederlage Österreich-Ungarns 1918 und dem Zerfall der Donaumonarchie erhob das neu formierte Königreich der Slowenen, Kroaten und Serben (SHS) Anspruch auf die damalige Untersteiermark, die sich von Spielfeld bis zur kroatischen Grenze erstreckte. Obwohl in den Städten wie Marburg (Maribor), Pettau (Ptuj) oder Cilli (Celje) von der Mehrheit Deutsch gesprochen wurde, kam die Untersteiermark mit dem Vertrag von St. Germain zu Jugoslawien. Das mit Verbrechen, unzähligen privaten Tragödien und tiefen Ungerechtigkeiten verbundene Hin und Her, dem die Menschen dies- und jenseits der Grenze vor, während und nach dem Zweiten Weltkrieg dann ausgesetzt waren, sowie die Vertreibung der Altösterreicherinnen und -österreicher aus Slowenien nach 1945 sind recht gründlich im »Grenzüberschreitenden Regionalmuseum« in Ehrenhausen dokumentiert, das 2003 eröffnet wurde.

growing regions, a promised land, and, although milk and honey do not flow, there's an abundance of wine and hearty fare: the South Styrian wine region. The region's core extends west of the Mur from Ehrenhausen to Leutschach and Arnfels and is bordered to the south by Slovenia and to the north by the Lassnitz, a stream that incises a curved path around the Sausal range. The area's landscape is characterized by groups of hills that are home to Europe's steepest vineyards: the Sausal range to the north – with its highest point, the Demmerkogel, with an altitude of 671 meters – and the Slovene Hills, which straddle the border between Styria and Slovenia, extending to the river Drava/Drau, and rising to a height of 900 meters north of Maribor.

THE BORDER AS GENERATOR OF TOURISM

Geopolitically South Styria is a young region, to a certain degree a by-product of the First World War. With the defeat of the Austro-Hungarian Empire in 1918 and the dissolution of the Danube Monarchy, the newly established Kingdom of Yugoslavia laid claim to what was then Lower Styria, a stretch of land that extended from Spielfeld to the Croatian border. Although German was spoken by a majority of the residents in cities such as Marburg (Maribor), Pettau (Ptuj) or Cilli (Celje), the Treaty of St. Germain-en-Laye stipulated that Lower Styria would become part of Yugoslavia. The back and forth the people on both sides of the border endured during and after the

Luftaufnahme Ehrenhausen: Zentrum mit Pfarrkirche im Vordergrund, dahinter der Schlossberg mit Schloss und Mausoleum
—
Aerial view of Ehrenhausen: historic center with parish church in foreground; behind it, the Schlossberg with its castle and mausoleum

In den ersten zehn Jahren nach dem Zweiten Weltkrieg entwickelten sich die anfangs frostigen nachbarschaftlichen Beziehungen zwischen Jugoslawien und Österreich im Vergleich zu anderen Ost-West-Grenzregionen durchaus positiv. 1955 kam es nach intensiven bilateralen Verhandlungen zu einem Kuriosum, das in Europa seinesgleichen suchte: In der Südsteiermark wurde zwischen den Gehöften Rebenhof (in Ottenberg/Ratsch) und Kästenburg (Sulztal/Ratsch) ein alter Trampelpfad zur Straße ausgebaut. Die »Neutrale Straße« wurde kurvenreich mehrere Kilometer genau entlang der Grenze angelegt. Statt Grenzzäunen gab es Beobachtungsposten und Patrouillen auf beiden Seiten. Die Südsteirische Weinstraße war geboren, und mit ihr war der Weg geebnet für die Vielen, die – ohne es zu wissen – auf den Spuren Johann Gottfried Seumes wandelten und sich an den paradiesischen Gärten des verträumten Hügellandes erfreuten.

Heute führt die Südsteirische Weinstraße von Ehrenhausen über Berghausen, Ratsch, Sulztal und Glanz nach Leutschach. Eine Einstiegsmöglichkeit ist auch bei Spielfeld gegeben und eine bei Gamlitz, von wo aus die »Eckberger Weinstraße« in die Südsteirische Weinstraße mündet. Was die Grenze angeht, so verlor sie in den letzten beiden Jahrzehnten sehr rasch an Bedeutung: 1991 erlangte Slowenien seine Unabhängigkeit, seit 2004 ist es EU-Partner und 2007 dem Schengen-Abkommen beigetreten, wodurch sämtliche Grenzeinrichtungen mit einem Schlag obsolet wurden. Im täglichen Leben ist die Grenze kaum ein Thema mehr. Umso wichtiger wurde – parallel zur Blüte des steirischen Weinbaus – die Rolle des Tourismus in der Region.

Second World War – with its criminality, countless private tragedies and miscarriages of justice – as well as the expulsion from Slovenia of *Altösterreicher* (former citizens of the Hapsburg Monarchy) after 1945, are well documented at Ehrenhausen's regional museum, which opened in 2003.

During the decade immediately following the Second World War, the initially cool neighborly relations between Yugoslavia and Austria developed some warmth in comparison to other regions along the East-West border. In 1955, intensive bi-lateral negotiations yielded a possibly unique curiosity; in South Styria a road was constructed between two large farmsteads – the Rebenhof in Ottenberg/Ratsch and the Kästenburg in Sulztal/Ratsch – replacing an old dirt path. For some distance, the curvy "neutral street" was situated right on the border. Instead of fences there were observation posts and patrols on either side. The South Styrian wine route was born, and the path was thereby cleared for the many who – without realizing it – now retrace Johann Gottfried Seume's steps and find pleasure in the paradisiacal gardens of the rapturous hills.

Today the South Styrian wine route leads from Ehrenhausen via Berghausen, Ratsch, Sulztal and Glanz to Leutschach. There is an opportunity to join up with the route at Spielfeld, and another at Gamlitz – from which point the Eckberger wine route merges with the South Styrian route. The

Im Jahr 2011 wurden im Bezirk Leibnitz über 430.000 Nächtigungen pro Jahr verzeichnet. Auf den ersten Blick mag diese Zahl bescheiden erscheinen. Wenn man sich aber die Steigerungsrate anschaut – von 2007 bis 2011 wuchs die Zahl der Nächtigungen um mehr als ein Viertel – ist die touristische Entwicklung als durchaus erfreulich zu bewerten. Zumal die Region weder mit Abfahrtspisten noch mit heißen Quellen aufwarten kann; dafür aber mit anspruchsvoller Gastronomie in hoher Dichte – von Top-Buschenschanken bis zum Haubenlokal –, sehr gepflegten Unterkünften und natürlich einer einmaligen Landschaft, die sich ideal zum genießerischen Erkunden eignet. Die hohe Qualität des südsteirischen Weines hat das Ihre dazu beigetragen, den guten Ruf der Region zu festigen und zahlreiche Gäste – vor allem Individualreisende aus dem Inland – anzulocken.

SÜDSTEIRISCHER WEIN

Die Südsteiermark ist mit insgesamt rund 2.200 Hektar Rebfläche ein kleines Weinbaugebiet, gilt aber mit ihren steilen Hängen als eine der reizvollsten Weinlandschaften Europas. Weinkennerinnen und -kenner schwärmen vom feuchtwarmen, mediterranen Klima und den kühlen Nächten, die den steirischen Weinen aller Sorten und Reifungsgrade zu ausgeprägtem Aroma und noblem Nuancenreichtum verhelfen. Auf abwechslungsreichen, vielschichtigen Böden entfalten sich duftig-frische Weißweinsorten prächtig, allen voran die südsteirische Leitsorte Sauvignon blanc, die bei Wettbewerben immer wieder internationale Auszeichnungen abräumt. Daneben haben auf dem südsteirischen Terroir unter anderem Welschriesling – quantitativ die Hauptsorte –, Weißburgunder, Morillon (Chardonnay), Gelber Muskateller und

border has quickly lost significance in the last two decades: Slovenia gained its independence in 1991 and became a member of the EU in 2004. It became a party to the Schengen Agreement in 2007, and with the wave of a wand, all border facilities became obsolete. In day-to-day life, the border is not an issue. The role of tourism in the region became all the more important, developing in parallel with the blossoming of Styrian winegrowing.

In 2011, more than 430 000 overnight stays were recorded in the Leibnitz district. This figure may at first glance appear modest, but if one looks at the growth – from 2007 to 2011 the number of overnight stays increased by more than 25% – it becomes apparent that the development of tourism is on the right track. This is especially true given that the region has neither ski slopes nor hot springs. But it does have a large number of dining options – from top *buschenschank* restaurants to gourmet establishments – as well as very elegant accommodations, and, of course, an unparalleled landscape ideally suited to epicurean exploration. The high quality of South Styrian wine has played an important part in securing the region's good reputation and attracting numerous guests – above all independent travellers from Austria.

SOUTH STYRIAN WINE

With a total of about 2200 hectares of vineyards, South Styria is a small winegrowing region, but thanks to its steep slopes, is considered one

Rheinriesling eine Heimat gefunden; von den Rotweinen verträgt sich vor allem der Zweigelt sehr gut mit Klima und Boden der Steiermark.

Gute Reben sind das Eine, eine qualitätsbewusste Kelterung das Andere. Die historische Grundlage dafür hat der steirische Säulenheilige Erzherzog Johann gelegt, der 1822 mit dem Gut Meranova bei Marburg ein Musterweingut anlegte, wo auf durchschnittlichen Böden dank moderner landwirtschaftlicher Methoden ausgezeichnete Reben gediehen. Aus Johanns Einrichtung ist in weiterer Folge nach der Abtrennung der Untersteiermark die Weinbauschule Silberberg bei Leibnitz hervorgegangen, die in der Gegenwart für die anspruchsvolle Ausbildung der steirischen Winzerinnen und Winzer steht. Ein anderer Meilenstein im steirischen Weinbau wurde in den 1980er-Jahren gesetzt: In diesen Jahren, wo der österreichische Wein dank burgenländischer Glykol-Panscher international in Verruf geriet, gab es in der Steiermark einen enormen Qualitätsschub, der mit der Modernisierung der Winzerbetriebe und Professionalisierung der Vermarktung einherging. Roland Tscheppe gehörte hier zu den Vorreitern. In seinem Gefolge haben Winzer wie Manfred Tement in Berghausen, die Brüder Erich und Walter Polz am Graßnitzberg in Spielfeld, die Familie Lackner-Tinnacher in Eckberg und viele andere Weinbäuerinnen und -bauern die Messlatte für Qualitäts- und Lagenweine immer höher gelegt, sodass es dem Durchschnittskonsumenten heute kaum mehr gelingen wird, in der Gegend auf wirklich misslungene Tropfen zu stoßen. Und die Kenner wissen ohnehin, in welchem der dutzenden Weinbaubetriebe der Region – allein die Übersichtskarte »Weinland Südsteiermark« listet aktuell rund 100 Qualitätsbetriebe – sie die noch

of Europe's most charming wine landscapes. Wine connoisseurs praise the warm, humid Mediterranean climate and the cool nights, which help give Styrian wines of all types their characteristic aromas and plentiful nuances. Aromatic, effervescent wines – first and foremost Sauvignon blanc, the leading South Styrian variety, which has time and again made a clean sweep of the prizes at international competitions – thrive in the rich soil. Welschriesling – the main variety in terms of volume – Weißburgunder, Morillon (Chardonnay), Yellow Muscat and Rheinriesling, among others, have also become acclimated to the South Styrian *terroir*. Among red wines, Zweigelt does especially well in Styria's climate and soil.

Good grapevines are one ingredient, quality-conscious winemaking the other. Archduke Johann – whose dedication to the region is still held in high regard – established the historical basis for the latter when he set up a model winery at the Marnova Estate near Maribor in 1822. By employing modern agricultural methods, excellent vines were made to flourish on average soil. Following the partitioning of Lower Styria, Johann's institution was transformed into the Silberberg Viticulture School on a site outside Leibnitz, which is presently known for the high-quality training it provides Styria's winemakers. Another milestone in Styrian viticulture was laid in the 1980s: despite the fact that Austrian wine had

Morgennebel über der südsteirischen Hügellandschaft
—
Morning mist above the South Styrian hills

feineren Weine genießen können, die ihre önologisch geschulten Gaumen erfreuen. Insgesamt gilt die Weinerzeugung in der Südsteiermark als Kunst, die auf einem Fundament von Erfahrung, Qualitätsbewusstsein und Können mit hoher Leidenschaft betrieben wird. Und die Spuren hinterlässt nicht nur, was den Geschmack im Weinglas betrifft, sondern auch in der Architektur.

FRISCHE ARCHITEKTUR AM WEINBERG

In den 1990ern hat im südsteirischen Weinland ein bis heute anhaltender Bauboom eingesetzt. Die arrivierten und aufstrebenden Winzerinnen und Winzer wollten ihre qualitativen Ansprüche sichtbar machen, indem sie ihre Weingüter architektonisch anspruchsvoll umbauen oder neu errichten ließen. Tscheppe am Pößnitzberg und die Brüder Polz gehörten zu den Ersten, die architektonische Zeichen setzten, das Weingut Lackner-Tinnacher und Manfred Tement folgten. Auch die Familien Dreisiebner, Lieleg-Kollerhof, Regele, Bullmann, Jaunegg, Maitz und Gross, Schilhan und Erwin Sabathi wären zu nennen. Sie setzten in ihren Weingütern schlichte Eleganz an die Stelle erdiger Weinseligkeit.

DAS TOR ZUM ELYSIUM: EHRENHAUSEN

Mit dem LOISIUM Hotel zieht nun endlich auch die Hotellerie in Sachen innovationsfreudiger Architektur im südsteirischen Elysium nach – passenderweise in Ehrenhausen, das mit seinem intakten historischen Ortskern sowie Kirche, Schloss und Mausoleum eindeutig der städtebaulich interessanteste Ort im Weinland ist. Daher an dieser Stelle ein kurzer Rundgang: Vom LOISIUM Ehrenhausen aus hat man Blick auf das Schloss Ehrenhausen und das Mausoleum, die letzte Ruhestätte von Ruprecht von Eggenberg (1546–1611).

fallen into disrepute internationally on account of the anti-freeze scandal in the neighboring province of Burgenland, in Styria there was a tremendous leap in quality that went hand in hand with the modernization of the wineries and the professionalization of its marketing. In this area, Roland Tscheppe was one of the forerunners. In his wake, winemakers such as Manfred Tement in Berghausen, the brothers Erich and Walter Polz in Spielfeld, the Lackner-Tinnacher family in Eckberg, and many more, have raised the bar higher and higher for quality and vintage wines, so that today the typical consumer will have trouble finding any low-quality wine whatsoever in the region. And the connoisseurs know, of course, in which of the region's many wineries – the Wine Country South Styria survey map currently lists around 100 top wineries – they can enjoy still finer wines and please their oenologically trained taste buds. On the whole, in South Styria making wine is considered an art that requires experience, quality consciousness, talent, and great passion, all of which leaves its mark, not only on the flavor in the wine glass, but on the architecture as well.

FRESH ARCHITECTURE IN THE VINEYARDS

In the 1990s a construction boom began in the South Styrian wine region that has continued to the present day. The winemakers – both the established and the up-and-coming – aim to gain visibility for their aspirations by employing high-quality design to renovate their wineries or build

Der Feldherr hatte sich im 16. Jahrhundert in mehreren Schlachten als Türkenbezwinger einen Namen gemacht und hatte testamentarisch verfügt, dass er am Fuße des Schlosses Ehrenhausen begraben werden wolle. Das Mausoleum wurde ab 1609 vermutlich nach Modellen des in Graz tätigen Baumeisters Giovanni Pietro de Pomis ausgeführt – der unter anderem auch das heutige UNESCO-Weltkulturerbe Schloss Eggenberg geplant hat – und gilt als eines der wichtigsten manieristischen Bauwerke Österreichs. Augenfällig die zwei Kolosse aus Sandstein, die das Gebäude einrahmen – antike Kämpfer, die mit Harnisch, Keule und Schwert ungebetene Gäste abwehren. Gruppen von mehr als fünf Personen können sich im Ehrenhausener Gemeindeamt anmelden, um auch die Gemälde und Stuckarbeiten im Inneren des Grabmals bewundern zu können und Ruprecht von Eggenberg und seinem Neffen Wolff die Ehre zu erweisen. Sie erfüllten als einzige Familienmitglieder die testamentarisch verfügten strengen Kriterien für die Aufnahme ins Mausoleum: Mann, Katholik, hoher militärischer Rang.

Das Schloss, das seit dem 11. Jahrhundert auf dem Hügel über Ehrenhausen thront, war 1543–1755 im Besitz des südsteirischen Zweiges der Eggenberger und hat sich trotz Umbau in der Renaissancezeit den Charakter einer Festung erhalten können. Früher bewachte es die wichtige Handelsroute, die von Wien über Graz nach Triest verlief und dabei über den Platscher Berg nach Marburg führte. Heute sitzt es wie eine wuchtige Raketenabschussbasis am Burgberg, befindet sich nach wie vor in Privatbesitz und kann nicht besichtigt werden. Der schöne Marktplatz von Ehrenhausen wird dominiert vom barocken Stauderhaus und der Pfarrkirche

new ones. Tscheppe am Pößnitzberg and the Polz brothers were among the first to make such architectural statements; Lackner-Tinnacher and Manfred Tement's wineries soon followed. Also noteworthy are the Dreisiebner, Lieleg-Kollerhof, Regele, Bullmann, Jaunegg, Maitz, Gross, and Schilhan families, as well as Erwin Sabathi. Their wineries strive for simple elegance rather than rustic jocundity.

THE GATES TO ELYSIUM: EHRENHAUSEN

With the LOISIUM Ehrenhausen, the hotel industry has now finally followed suit in terms of innovative architecture in the South Styrian Elysium, fittingly in the town whose intact historic center, as well as church, castle and mausoleum, is clearly the most interesting architectural ensemble in the wine country. So let's take a brief tour. We begin at the hotel, from which there is a view of Schloss Ehrenhausen and the mausoleum, the final resting place of Ruprecht von Eggenberg (1546–1611). He made a name for himself in the sixteenth century as the commander of successful battles against Turkish troops, and his testament stipulated that he be buried at the base of Schloss Ehrenhausen. His mausoleum, considered one of Austria's most important Mannerist structures, was erected beginning in 1609, probably according to a design by Giovanni Pietro de Pomis – an architect whose work is largely located in Graz, and who also designed Schloss Eggenberg, now a UNESCO World Cultural Heritage site. The two

»Schmerzhafte Mutter Maria«. Sie wurde 1752–1755 vom Marburger Baumeister Johann Fuchs errichtet, gilt als eine seiner schönsten Kirchen, und wurde vom Grazer Bildhauer Philipp Jakob Straub, einem Spross der legendären bayerischen Bildhauerfamilie Straub, mit Statuen ausgestattet.

Ehrenhausen ist das Tor zum südsteirischen Weinland, das seine Gäste mit »Vinofaktur« und »Genussregal« begrüßt, die vor den Toren des Ortes (am Gemeindegebiet von Vogau) ihre Pforten geöffnet haben. Während man sich die Vinofaktur als IKEA des steirischen Qualitätsweines vorstellen kann, wo man 365 Tage im Jahr verkosten und einkaufen kann, ist das angeschlossene »Genussregal« die dazu passende multimediale Erlebniswelt, wo Kernöl, Wein & Co sinnlich erfahren werden wollen. Ehrenhausen ist darüber hinaus der Start- bzw. Zielpunkt des anspruchsvollen Weinbergmarathons »WelschLauf«, bei dem jährlich im Mai Hunderte Sportbegeisterte die klassische 42-km-Distanz zwischen Ehrenhausen und Wies laufend überwinden. Bei den Labestationen dieser größten Sportveranstaltung der Region gibt es Wein, Musik und gute Stimmung als Doping.

GAMLITZ, DAS HERZ

Wenn Ehrenhausen der Kopf des Weinlandes ist, dann ist Gamlitz das Herz. Mit über 3.000 Hektar Weingärten ist der Ort mit 3.100 Einwohnern die größte Weinbaugemeinde der Steiermark. Im Tourismusprospekt und auf der Webpage outen sich Prominente wie Anja Kruse, Robert Dornhelm und Erwin Steinhauer als kulinarische Gamlitz-Fans. Kein Wunder, hat Gamlitz doch eine große Bandbreite an Gaumenfreuden anzubieten. Die hier ansässigen Weingüter Lackner-Tinnacher, Muster,

colossi of sandstone framing the mausoleum – antique warriors equipped with armor, mace and swords to fight off unwanted guests – command our attention. Groups of five or more persons may schedule visits to admire the paintings and stuccowork inside the tomb and pay their last respects to Ruprecht von Eggenberg and his nephew Wolff. They were the only members of the family who fulfilled the testament's strict criteria for burial in the mausoleum: a Catholic man with a high military rank.

The castle has loomed magnificently above Ehrenhausen since the eleventh century. From 1543 to 1755 it was in the possession of the South Styrian branch of the Eggenbergs, and despite a renovation during the Renaissance has retained its fortress-like character. In the past it guarded the important trade route that ran from Vienna by way of Graz to Trieste and led, via Platscher Berg, to Maribor. Vaguely recalling a colossal rocket-launching site upon a fortified mound, the castle is still privately owned and not open to visitors. The parish church Our Lady of Sorrows and the baroque Stauderhaus dominate Ehrenhausen's attractive market square. Johann Fuchs – an architect who worked in Maribor – erected the church from 1752 to 1755, and it is considered one of his most beautiful. It was embellished with statues by the sculptor Philipp Jakob Straub (from Graz), a scion of the legendary Bavarian family of sculptors.

Skoff und Sabathi gehören zu den Aushängeschildern der Region. Auch das Weinmuseum im Schloss Gamlitz soll nicht verschwiegen werden. Die größte Veranstaltung im Jahr ist dementsprechend das Gamlitzer Erntedankfest im Oktober mit seinem traditionellen Winzerzug durch den Ort.

Ansonsten geht es im aufgeräumten Hügelland rund um Gamlitz gerne beschaulich zu. Und das ist vermutlich jene Qualität, die die Besucherinnen und Besucher der Südsteiermark neben den Gaumenfreuden am meisten schätzen: dass man in dieser Landschaft so leicht aus der Zeit fällt. Sei es, indem man die Weingärten und Wälder durchstreift, wobei man zu jeder Jahreszeit auf seine Rechnung kommt; sei es, wenn man sich mit Freunden in einer Buschenschenke niederlässt, redet, trinkt und den Blick über die schier endlos in die Weite gestaffelten Hügelrücken gleiten lässt. Sehr leicht und sehr gerne stellt sich dabei das Gefühl ein, das wir im Alltag viel zu oft vermissen, nämlich: Dass es gut ist, wie es ist.

ES IST GUT, WIE ES IST

Und damit wollen wir es an dieser Stelle gut sein lassen. Natürlich gäbe es noch etliches zu schreiben: Etwa über Leutschach, wo sich Weinbauer und Bierbrauer Grüß Gott sagen; oder über die Kelten, die zwischen Großklein und Gleinstätten eines der größten Gräberfelder im Alpenraum hinterließen; oder über die Römer, die in der Nähe von Leibnitz die Stadt Flavia Solva gründeten und am Frauenberg bei Leibnitz der Göttin Isis huldigten – im größten Isis-Heiligtum außerhalb Ägyptens; oder über die Rolle der Bischöfe aus Salzburg und der Steiermark, die die Gegend im Mittelalter entscheidend

Ehrenhausen is the gate to Styria's wine country, and greets its guests with the *Vinofaktur* and *Genussregal*, which have opened in Vogau, just outside the town limits of Ehrenhausen. While *Vinofaktur* is akin to the IKEA of Styrian quality wines, where one can taste and buy wine 365 days a year, the adjoining *Genussregal* – literally, a stack of pleasures – provides the corresponding multi-media experience, where the whole gamut of local specialities wait to be discovered. In addition, each May Ehrenhausen provides the backdrop for the start and finish line of the WelschLauf vineyard marathon, at which hundreds of sports enthusiasts run the classic 42 km from Ehrenhausen to Wies and back again. At this, the region's largest sporting event, doping takes the form of wine, music and high spirits.

GAMLITZ, THE HEART

If Ehrenhausen is the crown of the wine region, Gamlitz is its heart. With more than 3000 hectares of vineyards and 3100 residents, this is the largest winegrowing village in Styria. In the travel brochures and on the website, German and Austrian celebrities such as Anja Kruse, Robert Dornhelm and Erwin Steinhauer share their enthusiasm for Gamlitz. It's no wonder; Gamlitz is a cornucopia of delicacies. Its wineries Lackner-Tinnacher, Muster, Skoff and Sabathi are among the region's very best, and we must not forget the wine museum in Schloss Gamlitz. As a result, the town's most important yearly event is the harvest festival in October with its traditional vintner procession.

mitprägten ... und und und. Auch das ist das Schöne an der Südsteiermark: Dass sie bei jedem Besuch mit immer neuen Facetten aufwarten kann – sei es kulinarisch, sei es landschaftlich, sei es geschichtlich. Deshalb kommen die meisten Gäste immer wieder hierher. Und natürlich wegen des hervorragenden Weines.

LITERATUR

—

Herbert Bödendorfer, Peter Strallhofer, Naturpark Südsteirisches Weinland, Sulztal 2012.
Werner Schandor, Steirisches Wein- und Hügelland, Wien 2010.
Bernd Schmidt, Die Südsteirische Weinstraße, Schleinbach 2010.
Johann Gottfried Seume, Spaziergang nach Syrakus im Jahre 1802, Frankfurt/Main 1991.
Peter Strallhofer, Naturpark Südsteirisches Weinland, Sulztal a. d. Weinstraße 2012.
Anton Tropper, Die Staatsgrenze als raumprägender Faktor unter besonderer Berücksichtigung der steirisch-slowenischen Grenze, Diplomarbeit Karl-Franzens-Universität Graz, 2009.

LITERATURE

—

Herbert Bödendorfer, Peter Strallhofer, *Naturpark Südsteirisches Weinland*. Sulztal, 2012.
Werner Schandor, *Steirisches Wein- und Hügelland*. Vienna, 2010.
Bernd Schmidt, *Die Südsteirische Weinstraße*. Schleinbach, 2010.
Johann Gottfried Seume, *Spaziergang nach Syrakus im Jahre 1802* [A Stroll to Syracuse]. Frankfurt/Main, 1991.
Peter Strallhofer, *Naturpark Südsteirisches Weinland*. Sulztal a. d. Weinstraße, 2012.
Anton Tropper, *Die Staatsgrenze als raumprägender Faktor unter besonderer Berücksichtigung der steirisch-slowenischen Grenze*. Master's thesis, Karl-Franzens-Universität Graz, 2009.

Otherwise things are pretty quiet on the tidy hillsides surrounding Gamlitz. That is probably the quality – aside from the Lucullan pleasures – that visitors to South Styria cherish the most: that one loses track of time in this landscape. Whether it be by strolling through the vineyards and woods, which can be taken advantage of any time of the year, or meeting friends in a *buschenschank* to chat, enjoy a drink, and look out at the seemingly endless cascade of ridges in the distance, it is very easy to slowly adopt a frame of mind often lacking in our day-to-day lives, namely: that things are good just the way they are.

GOOD, JUST THE WAY IT IS

And we'd like to leave it at that. Of course there is much more to tell: for example, Leutschach, where winegrowers and beer brewers become the best of friends; or the Celts, who between the towns of Grossklein and Gleinstätten left behind one of the largest burial sites in the Alps; or the Romans, who established the town Flavia Solva near Leibnitz and paid homage to the goddess Isis at Frauenberg in her largest shrine outside Egypt; or the bishops of Salzburg and Styria, who played a vital role in shaping the area in the Middle Ages ... and the list goes on and on. That is what makes South Styria so appealing: it reveals new facets – whether related to the region's cuisine, landscape, or history – on every visit. That is why the guests keep coming – that and, of course, the exceptional wines.

Buschenschank mit Klapotetz
—
Buschenschank with traditional scarecrow

rechts:
Weingärten im Herbst
—
right:
Vineyards in fall

nächste Seite:
Steile Weinhänge an der südsteirischen Weinstraße
—
next page:
Steep vineyards on the South Styrian wine route

Gudrun Hausegger

DAS WEINHOTEL AM SCHLOSSBERG

THE WINE HOTEL ON SCHLOSSBERG

Noch sind die Weinstöcke am Hang des Schlossbergs in Ehrenhausen jung und ihre dünnen Stämme in weiße Schutzhüllen gegen Wildschaden eingepackt. Der nahezu drei Hektar große Weingarten ist ja ein Neuling unter den alteingesessenen südsteirischen Weingartenflächen und wurde erst im Zuge der Errichtung des LOISIUM Hotels angelegt. Die Aufbereitung des Bodens und die Setzung der Rebstöcke lag in den Händen der Erzherzog Johann Weine. Die steirische Erzeugergemeinschaft mit Sitz in Ehrenhausen wird auch für seine Bewirtschaftung und Pflege verantwortlich sein und einen Teil der Fläche als Schauweingarten ausbauen. Wie bei der Weindestination LOISIUM in Langenlois kommen die Gäste dann hautnah in den Genuss, den vielschichtigen Prozess des Weinanbaus im Verlauf der Jahreszeiten mitzuerleben.

Wie in Langenlois waren in Ehrenhausen koala Landschaftsplanung für die Gestaltung der Außenanlagen verantwortlich, die sich hier jedoch nicht nur auf die Bodenflächen beschränkt, sondern Hotel und Vinothek auch mit begrünten Fassaden und mit Lavendel bepflanzten Dächern belebt. Spaziert man vom Hotel über die Stufen in den Schauweingarten hinein, vorbei an Beeten mit Kräutern und Gräsern sowie mit Lärchenholz ausgelegten Plattformen, rücken neben dem neuen Gebäude zudem das Schloss sowie das barocke Mausoleum auf der gegenüberliegenden Hangseite ins Blickfeld.

DIE TRADITION NICHT AUS DEN AUGEN VERLIEREN

Die Südsteiermark mit ihren steilen Hängen, dem fruchtig-frischen Wein und angenehm mediterranen

The grapevines on the hillside of the Schlossberg are still young, their slender stems wrapped in white to protect them from hungry wild animals. The nearly three-hectare vineyard is in its infancy, so to speak, in comparison to the long-established South Styrian *weingarten*, as they are known in German. This new vineyard was laid out at the same time as the construction of the LOISIUM Ehrenhausen, and the soil preparation and planting lay in the hands of *Erzherzog Johann Weine* (Archduke Johann Wines). The Styrian winegrowers' coop, based in Ehrenhausen, will also be responsible for managing and tending the vineyard, and a portion of it will be dedicated to educational purposes as a demonstration vineyard.

As at LOISIUM Langenlois, guests will have the opportunity all year round to enjoy an unmediated experience of the multifaceted process of making wine. Also as at Langenlois, the landscape design firm koala was responsible for the design of the outdoor spaces – and here these are not limited to the ground surfaces. The facade of both the hotel and the vinotheque are conceived of as vertical gardens, and their roofs are cloaked in lavender. A stroll from the hotel down the stairs to the demonstration vineyard leads past beds of herbs and grasses, as well as larch-clad platforms; as one progresses, in addition to the new hotel buildings, the castle and the baroque mausoleum on the opposite slope come into view.

Klima zählt zu einer der erfolgreichsten Tourismusregionen Österreichs. Die jahrhundertealte Kulturlandschaft steht jedoch auch für viel Fleiß und Kraft, die die Bewirtschaftung der steilen Hügel den Weinbauern bis heute abverlangt. Ebenso viel Einsatz und innovatives Potenzial ist notwendig, um die Region als attraktive Destination aufrechtzuerhalten. So wie der Wein hier auf den kleinstrukturierten Flächen von den einzelnen Winzerfamilien handverlesen und gekeltert wird, keine Massenware wird hier produziert, braucht es differenzierte, für jede Brieftasche maßgeschneiderte Angebote.

Dem LOISIUM Hotel kommt als Vier-Sterne-Superior-Designhotel und mit seiner Kapazität von 105 Zimmern in der Südsteiermark sicherlich die Rolle als Impulsgeber für die Bewerbung eines neuen Gästesegments und die Erschließung neuer Märkte zu. Die Wertschöpfung des Hotels wird sich zukünftig darüber hinaus in Form eines vielfältigen Arbeitgebers niederschlagen. Schon während der Bauphase sind zahlreiche Baufirmen aus der Region miteinbezogen worden. Als Weinresort profitiert das Hotel in einer produktiven Wechselwirkung aber ebenso von seiner Lage mitten in dieser faszinierenden Weinbaugegend sowie von dem vielfältigen Angebot, das die Umgebung bietet. Auf beiden Seiten kann jedoch ein qualitätsorientierter Tourismus nur funktionieren, und da sind sich alle Verantwortlichen (vom Bürgermeister über Verantwortliche aus Wirtschaft und Tourismus, bis hin zu Architekten und Designer) einig, wenn, salopp gesprochen, die Tradition beachtet wird.[1] Das kann sich auf sehr konkrete Vorstellungen über die Südsteiermark (die Weinhänge, der Klapotetz, die hölzerne Hausbank vor dem Haus, obendrein die traditionelle »Brettljause« in der Buschenschank) beziehen, die jeder Gast mitbringt,

NOT LOSING SIGHT OF TRADITION

South Styria, with its steep hillsides, aromatic and effervescent wines, and mild Mediterranean climate, is one of Austria's most successful tourist regions. But this centuries-old cultural landscape also represents the arduous labor required of the winegrowers to cultivate the vineyards. An equal effort, paired with innovative potential, is necessary to ensure that the region remains an attractive tourist destination. The wine is an artisanal product, made of grapes that the winegrowing families have harvested by hand on their small parcels of land, and subsequently hand-pressed – there is no mass-produced wine in South Styria. Similarly, for every budget there is a specially designed tourism package.

In South Styria the LOISIUM Hotel, as a four-star superior design hotel with 105 guest rooms, will certainly be a motor to attract a new clientele and break into new segments of the market. Furthermore, in the future the hotel's role as a versatile employer will add value to the region. Even during the construction phase, a large number of contractors from the region were included in the process. As a wine resort, the hotel profits from the productive synergies of its location in the middle of this fascinating winegrowing area, and from the great variety of attractions that the surroundings have to offer. But, on both sides, tourism at a high standard can only function if – and in this the responsible parties (including the mayor, the representatives of commerce and tourism,

die er wiederfinden und genießen möchte. Da das LOISIUM Wine & Spa Resort als ein Neubau, und ob seiner Kategorie sowie seiner Größenordnung, zahlreiche Innovationen nach Ehrenhausen brachte, die das Fortschreiben von Traditionslinien nicht ohne Weiteres zuließen, ist bei seiner Realisierung der Frage nach Tradition und Authentizität auf unterschiedlichen abstrakten Ebenen begegnet worden.

VON HOTEL UND THERME ZUM LOISIUM WEIN & SPA RESORT

Im Gegensatz zur Weinerlebniswelt LOISIUM in Langenlois, deren Bau die Initiatoren Tuula und Gerhard Nidetzky sehr rasch ihrer Idee dazu nachfolgen ließen, ging dem LOISIUM Hotel in Ehrenhausen eine lange Vorgeschichte voran. Der Anfang hing mit dem Thermenboom um das Jahr 2000 zusammen, der auch vor der Südsteiermark mit seiner hoffnungsvollen Vulkanlinie nicht haltmachte und einige Gemeinden in Wettstreit um die Errichtung einer Therme brachte. Schon damals traten die Projektinitiatoren des heutigen LOISIUM Hotels in Form der Baugruppe Porr-Mandlbauer-Röck-Pongratz und Architektur Consult als mögliche Investoren einer Therme mit angeschlossenem Hotel auf.[2] Doch der allzu heftige Wettstreit verhinderte in der Folge, dass man sich auf einen Thermen-Standort einigen konnte, sodass die Baugruppe das Projekt Therme ad acta legte. 2006 kaufte die Baugruppe schlussendlich das 360.000 Quadratmeter große Grundstück am Schlossberg in Ehrenhausen, erste Pläne für ein Hotel wurden gezeichnet und ein Betreiber gesucht. ArchitekturConsult mit Architekt Peter Zinganel als Planungsverantwortlicher war bereits zu diesem Zeitpunkt tief mit der Aufgabe verbunden. Die nachfolgende Immobilienkrise tat das

and the architects and designers) all agree – the traditions are respected.[1] This can refer to concrete expectations (the steep vineyards, the fragile scarecrows, the wooden benches in front of the homes, and the traditional *brettljause* – hearty cold-cuts and fixings served on a wooden tray) that every guest has of South Styria, and that he or she would like to rediscover and enjoy. The nature and size of the LOISIUM Wine and Spa Resort has brought a number of innovations to Ehrenhausen that did not follow the traditional trajectories. As a result, during its realization questions surrounding tradition and authenticity were treated at different levels of abstraction.

FROM HOTEL AND HOT SPRINGS TO LOISIUM WINE AND SPA RESORT

In contrast to the World of Wine at the LOISIUM Langenlois, whose construction closely followed the initiators Tuula and Gerhard Nidetzky's original concept, the LOISIUM Hotel in Ehrenhausen is the outcome of a more circuitous process. Its genesis was connected to the boom in new spas built at hot springs around the year 2000. South Styria with its promising volcanism, was no exception, and a number of towns competed for such spas. At this time, the initiators of what is now the LOISIUM Hotel, the Porr-Mandlbauer-Röck-Pongratz construction-firm consortium and ArchitekturConsult, went public with their interest in investing in a spa with an adjoining hotel.[2] Yet the all-too-healthy competition prevented them from coming to

Ihre dazu, auch das damalige Hotelprojekt zu Fall zu bringen – das fertig entwickelte Projekt wanderte in die Schublade.

In der Zwischenzeit hatten im niederösterreichischen Langenlois die LOISIUM Weinerlebniswelt (2003) und das LOISIUM Hotel (2005) eröffnet. Architekt Steven Holl zeichnet verantwortlich für diese beiden spektakulären Bauten, die er aus den Besonderheiten des Ortes entwickelte und von der Morphologie der uralten Weinkeller ableitete. Der Erfolg der neuen Wein-Destination zog zahlreiche Anfragen an Tuula und Gerhard Nidetzky sowie an Hotelexpertin Susanne Kraus-Winkler (mit der die Familie Nidetzky gemeinsam als Eigentümer sowie Geschäftsführer die beiden Bauten betreibt) nach sich, weitere LOISIUM Hotels zu realisieren. So dauerte es nicht lange, bis diese erfahrene Trias und die Baugruppe am Standort Ehrenhausen zusammenkamen.

Ab Mai 2009 fanden die ersten Gespräche zwischen dem Team der Projektentwicklung und den neuen Betreibern statt, um die Anmutung, Inhalte und Anforderungen eines Hotels, das der LOISIUM-Philosophie entsprechen sollte, zu klären.[3] Ende des Jahres stand der Bauplan. Der Wettbewerb zur Innenarchitektur, den das Wiener Büro BEHF Architekten für sich entscheiden konnte, wurde im Herbst 2010 ausgeschrieben. Der Spatenstich erfolgte im November 2010 und im Juni 2012 feierte man die Eröffnung. »1.000 Jahre liegen da zwischen der Errichtung des Schlosses um 1100 und dem Bau des Hotels. 1.000 Jahre ohne Baugeschehen am Schlossberg«, meint der Bürgermeister von Ehrenhausen noch ganz unter dem Eindruck des neuen Gebäudes.

an agreement on the location of the spa, and the consortium put the project on ice. In 2006 it ultimately bought a 360 000 m² property on Ehrenhausen's Schlossberg, the first designs for the hotel were developed, and an operator was sought. The firm ArchitekturConsult, with Peter Zinganel as project architect, was, at this point, already profoundly involved in the project. The subsequent real estate crisis played a role in temporarily delaying the project, and though the planning process was complete, the hotel was again put on hold.

In the meantime, the LOISIUM World of Wine (2003) and the LOISIUM Hotel (2005) had opened in Langenlois, Lower Austria. Architect Steven Holl designed both of these spectacular buildings, developing them from the specifics of the site and from the morphology of the age-old wine cellars. The success of these new wine destinations was accompanied by a great number of inquiries to Tuula and Gerhard Nidetzky and hotel expert Susanne Kraus-Winkler (the three of them operate the buildings as owners and executive directors), regarding potential projects for new LOISIUM Hotels. It didn't take long until the trio and the consortium joined forces for the site in Ehrenhausen.

In May 2009, the first talks between the project development team and the new operators took place to clarify the desired impression and requirements of a hotel that would correspond to the LOISIUM philosophy.[3] By the end of the year

Blick gegen Osten: Herbststimmung am Schlossberg

—

Looking east: a fall scene on Schlossberg

DER NEUE NACHBAR

Seit den ersten Skizzen habe die Idee bestanden, einen einzelnen, über der Hügelkante schwebenden Baukörper zu errichten. Darunter sollten sich die Funktionsbereiche durchschlängeln, so Architekt Peter Zinganel. Ebenso wäre eine vorgehängte Fassade, die wie ein Kleid das Haus schütze, von Anfang an geplant gewesen. Das »Einhüllen« der Fassade war jedoch nicht nur Referenz auf das Schwesternhotel in Langenlois (»wrapping« hatte es Steven Holl stets genannt), sondern auch eine Maßnahme, um den großen Bau optisch zu reduzieren. »Wir wollten mit dem ›Umhang‹ zwischen dem Boden und dem wahrnehmbaren Teil des Hauses, den Zimmergeschossen, eine optische Fuge schaffen, um dem Baukörper eine kubaturmindernde Proportion zu geben«, so Peter Zinganel.

Optische Reduktion? Spätestens an dieser Stelle taucht unweigerlich die Frage auf, ob der Architekt denn nie die Gefahr in Erwägung gezogen habe, dass der lange Baukörper des neuen Gebäudes sein Vis-à-Vis von Schloss und Mausoleum all zu sehr dominieren könnte? Zahlreiche Entwurfsparameter sprechen dagegen: Das Hotel wurde in seinen Proportionen bei allen Entwurfsschritten, auf Skizzen und im Modell, stets bewusst in Bezug zu Schloss und Mausoleum gesehen. Zusätzlich wurde mit der Nord-Süd-Ausrichtung des Gebäudes auf die topografische Gegebenheit der Geländekante Rücksicht genommen: Das ist im Norden, von den Mur-Auen kommend, der Laubwald, gegen Süden hingegen beginnen die für die Südsteiermark so typischen Hügelketten. Exakt an der Trennung dieser beiden Landschaftstypologien steht das neue Haus. Die bis zu 25 Meter hohen Buchen des Waldes gaben das Maß für

the construction documents were complete. The competition for the interior architecture – which was won by the Vienna-based office BEHF Architekten – was held in fall 2010. Construction began in November 2010, and the opening was celebrated in June 2012. "A millennium lies between the construction of the castle, which took place in the year 1100, and the hotel. One thousand years without construction activity on Schlossberg," said the mayor, clearly moved by the new building.

THE NEW NEIGHBOR

The very first sketches foresaw a singular volume that would hover above the edge of the slope. The functional zone, according to Peter Zinganel, would wind through the space below it. A curtain-wall facade that protects the building like an item of clothing was also part of the concept from the beginning. "Cloaking" the facade was, however, not only a reference to the sister hotel in Langenlois (Steven Holl used the term "wrapping"), but was also employed to optically scale down the large building. In the architect's words: "With the 'wrap' we wanted to create a visual demarcation between the ground and the perceptible part of the building – the levels containing the guest rooms – in order to scale down the proportions of the building's mass."

To scale down optically? This begs the question of whether the architect ever took into consideration the danger that the considerable

seine Höhenbegrenzung an: Die drei Geschosse bringen es jedoch nicht mehr als auf 16 Meter Höhe.

Ein weiteres Argument für eine derart selbstbewusste Struktur liegt im geschichtsträchtigen Ort Ehrenhausen selbst, der mit seinem Schloss und dem barocken Mausoleum unter den Orten in der Südsteiermark eine gewisse Sonderstellung einnimmt. Das sind in dieser bäuerlich geprägten Landschaft durchaus Sonderbauformen, ebenso wie das Hotel in dieser Größenordnung eine solche darstellt. »Nur einige Kilometer weiter, im Ort Berghausen zum Beispiel, wäre solch ein Entwurf unpassend gewesen«, so Zinganel. Ein vielgliedriger Bau hätte zudem mehr von der zusammenhängenden Fläche des Schlossberges zerstört, als diese eine konzentrierte, wenn auch nicht hermetisch geschlossene Form. Mit Rücksicht auf diese Geschlossenheit (man erinnere sich 1.000 Jahre war hier nichts passiert) entstand als Konsequenz der planerische Ansatz, mit möglichst vielen Bereichen des dichten Funktions- und Raumprogramms unter die Erde zu gehen.

AN DEN HANG GELEHNT

So liegt nun nahezu ein Drittel der Kubatur unsichtbar im Hang verborgen: das gesamte Untergeschoss mit Haustechnik und weiteren Funktionen, die gut ohne Tageslicht auskommen, wie Wirtschaftsbereiche und Teile des Spa-Bereichs. Bis zu einer Tiefe von zwölf Metern ist dazu in den für die Süd- und Weststeiermark spezifischen harten »Opok-Boden« gegraben worden – ein Kalkmergelboden, der für jene Weine mit mineralischem Geschmack und weichem Charakter verantwortlich ist. »Die Baugrube konnte ohne zusätzliche Sicherungsmaßnahmen mit nahezu

length of the new building's mass might overwhelm the castle and mausoleum opposite it. Numerous design parameters point, however, to the attention paid to the issue: in all phases of the design – in sketches and in models – the hotel's proportions were always studied in relation to the castle and the mausoleum. In addition, the north-south orientation of the building responds to the topographic conditions of the slope's edge: to the north, a deciduous forest runs from the Mur marshland, and to the south, in contrast, a series of hills typical of South Styria begins. The new building stands precisely where these two landscape typologies converge. The forest's beech trees, which can reach a height of 25 meters, determine the building's height as not exceeding 16 meters.

A further argument for such a self-confident design is to be found in the historic town itself. Ehrenhausen, with its castle and baroque mausoleum, has a special position among the towns of South Styria. The two structures are exceptional within a landscape characterized by farming – and a hotel at this scale would also be in this category. According to Zinganel: "Only a few kilometers away, in the town Berghausen, for example, such a design would be inappropriate." A building with a more highly articulated mass would have destroyed a greater amount of the continuous surface on Schlossberg than this concentrated, although not hermetically closed form. To attain this "closed" form (we must keep

90-Grad-Böschungen ausgehoben werden. Fast 35.000 Kubikmeter Erdaushub wurden im angrenzenden Weingarten wieder eingebaut«, erklärt Michael Kaiser, Projektverantwortlicher der Baugruppe.

Bleiben nun das Untergeschoss und Teile des Erdgeschosses im Hang verschwunden, lehnen sich die drei Zimmergeschosse, dem abfallenden Gelände entsprechend, im Norden an den Hang, kragen gegen Süden hingegen 18 Meter hoch über der Erdgeschosszone aus. Dieses »Anlehnen« bringt der Architekt mit einer Metapher in Verbindung, die für ihn viel über das genussvolle Verweilen in der südsteirischen Gegend aussagt: »Mit dem Rücken an die warme Hauswand gelehnt, in die Frühjahrs- und Herbstsonne, in die Umgebung schauen.« Gut passt dieses Bild zum Gebäude, das sich mit seinem räumlichen Zusatzangebot in die Landschaft öffnet und von zahlreichen Nischen und Sitzecken reizvolle Ausblicke bietet. Die baulich-ökonomische Optimierung des Baus mit seiner kompakt gehaltenen inneren Kubatur macht diese Räume möglich: die großzügigen Balkonflächen, der im Westen vorgelagerte Spa-Bereich mit Outdoor-Pool, das Restaurant mit Terrasse oder die überdachte Zugangssituation mit der geschützten Freiluft-Lounge. Die beiden Apartmenthäuser, die vor dem Hotel gelegen den Verlauf des Hangs in Terrassenform aufnehmen, führen dieses sich gegen die Landschaft Öffnen fort.

Auch die Wahl der Materialien und die Farbgebung ergaben sich aus der direkten Bezugnahme auf die Umgebung. Hier kam Peter Zinganel im Rahmen der umfangreichen Recherche der geistige Fundus zugute, den er sich im Rahmen der Recherche zum Wettbewerb

in mind that nothing changed on this site for 1000 years), the decision was made to place as much as possible of the technical and program rooms underground.

LEANING ON THE HILLSIDE

Consequently, nearly a third of the volume is hidden in the slope. The entire basement level accommodates building-services equipment and other functions that do not require daylight, including the maintenance spaces and parts of the spa. The opok soil typical of South and West Styria was excavated to a depth of twelve meters – it is a marl with calcium content and is responsible for the mineral notes and soft character of the wines. "We were able to dig an excavation pit without additional securing measures whose edges were nearly plumb. Nearly 35 000 m^3 of soil were removed and then relocated to the adjacent vineyard," explains Michael Kaiser, project manager for the consortium.

While the basement and parts of the ground floor are hidden in the hillside, the three levels containing the guest rooms "lean" on the slope to the north, but cantilever 18 meters above the ground - toward the south. The architect sees this leaning as a metaphor for leisurely spending time in South Styria. "Leaning back on the warm wall – basking in spring or fall sunshine, taking in the surroundings." This image suits a building that offers spaces that face out on the landscape and offer charming views from a variety of niches

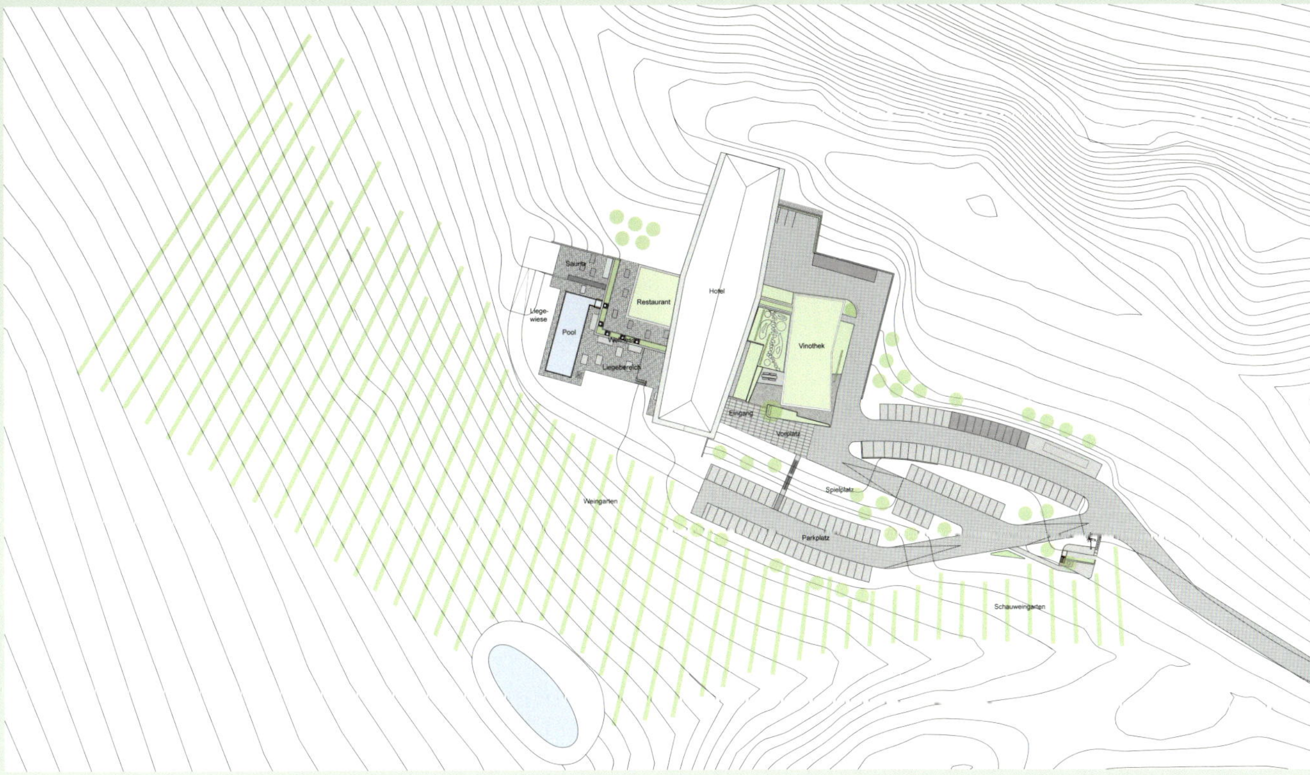

oben:
Lageplan LOISIUM Wine & Spa
Resort Südsteiermark
—
above:
Site plan of LOISIUM Wine & Spa
Resort Südsteiermark

Mitte:
Geländemodell
—
middle:
Topography model

unten:
Modell LOISIUM Wine & Spa
Resort Südsteiermark
—
below:
Model of LOISIUM Wine & Spa
Resort Südsteiermark

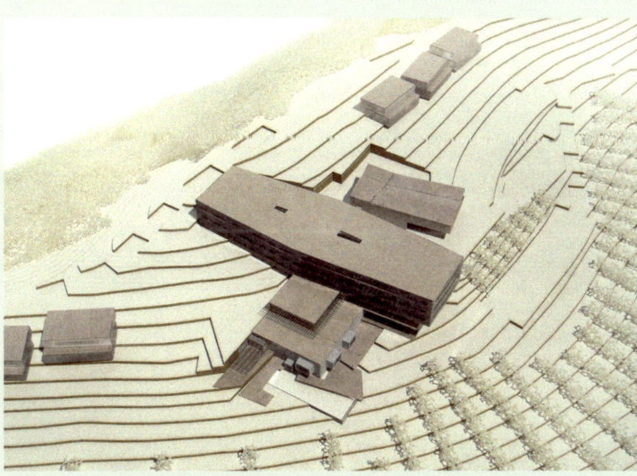

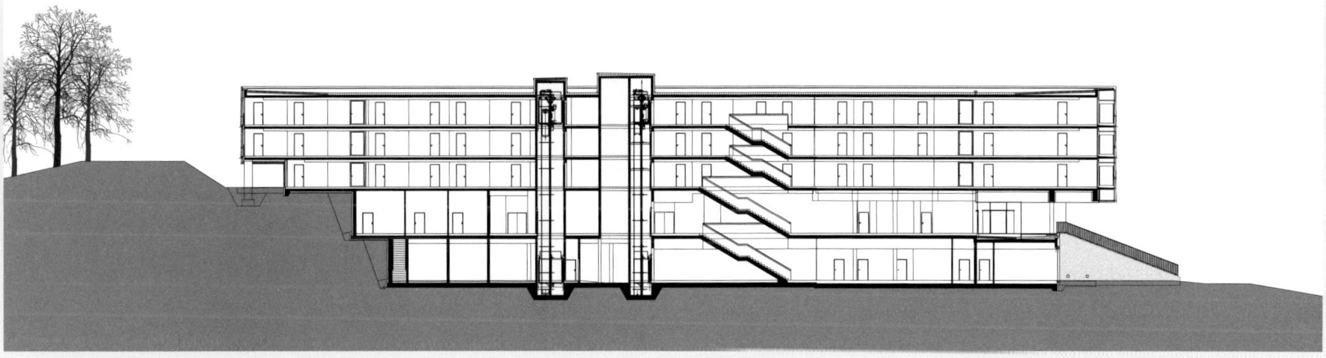

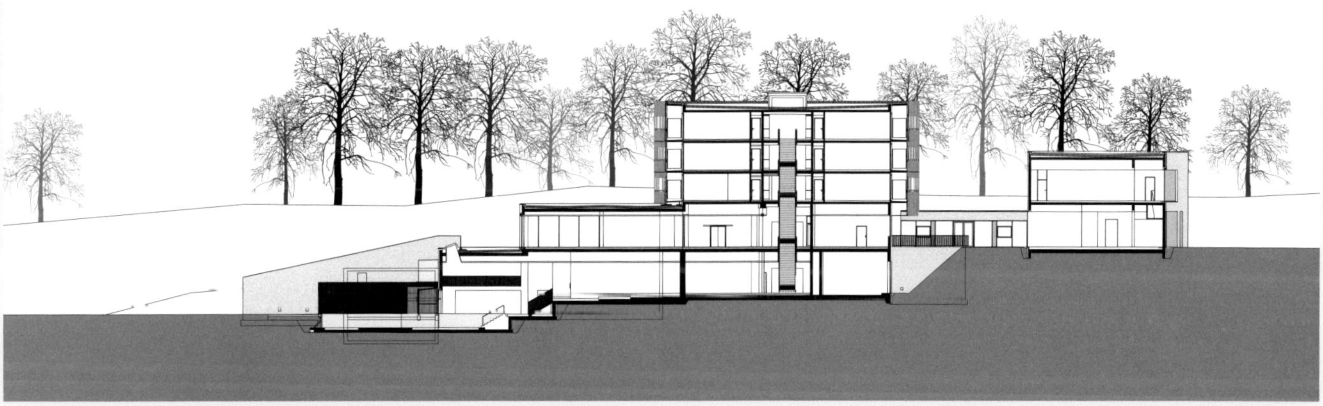

links:
Zeichnung der ersten Arbeitsentwürfe: die Entwicklung des Hotels aus dem Weingarten
—
left:
Drawing of the initial design: the vineyard as point of departure for the development of the hotel

oben:
Längsschnitt durch das Hotel mit Spa-Bereich
—
above:
Longitudinal section through the hotel with spa zone

unten:
Querschnitt durch das Hotel und die Vinothek
—
below:
Transverse section through the hotel and the vinotheque

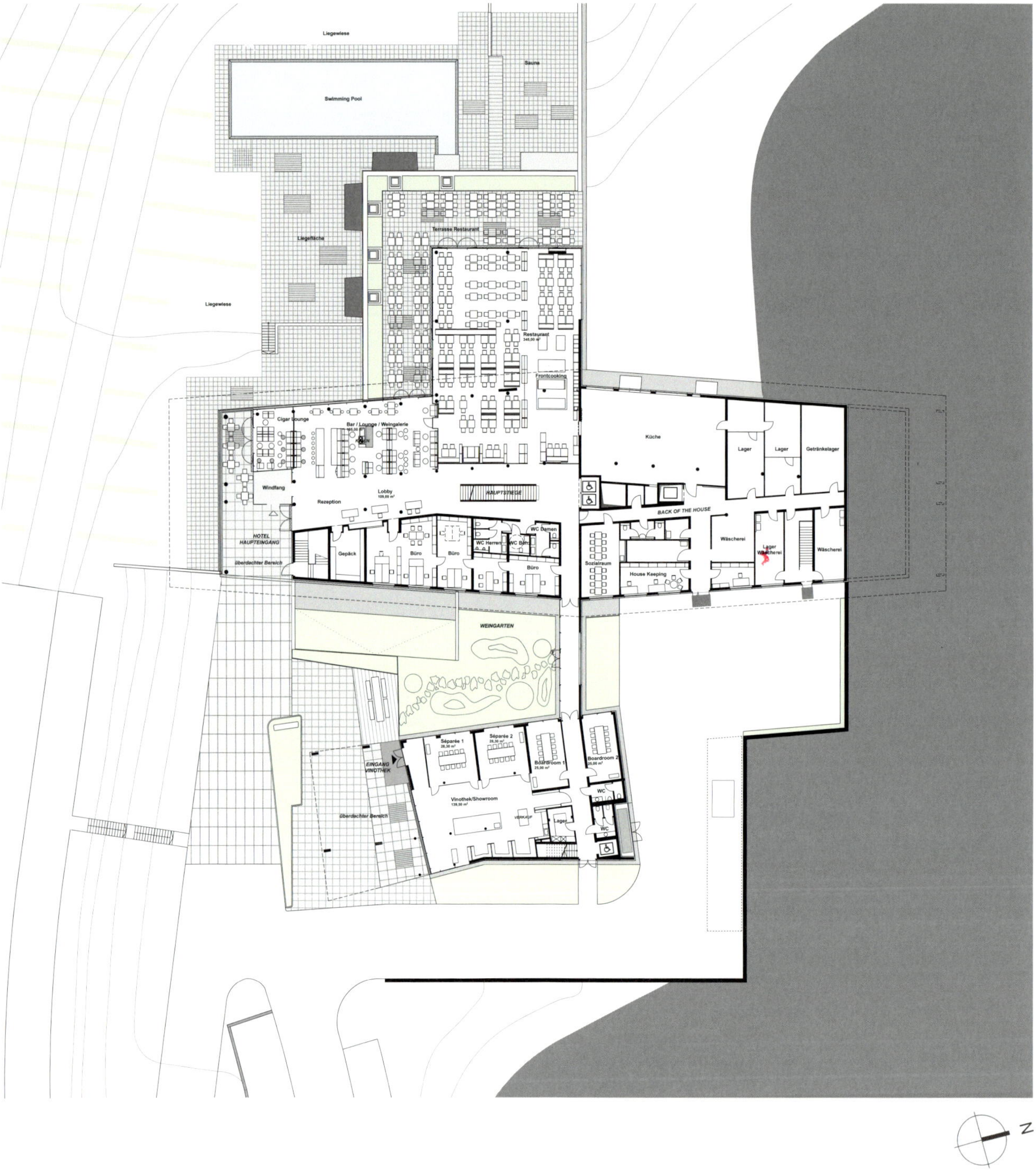

Grundriss Erdgeschoss

—

Floor plan of ground floor

Grundriss 1. Obergeschoss
—
Floor plan of first floor

»Vinofaktur Vogau«, einem Weinlogistikzentrum mit angeschlossenem Verkaufslokal, aneignete.[4] Wie kann man Weingenuss in Architektur und Materialität umsetzen, ohne dem klischeehaften Abbild einer Buschenschank-Atmosphäre zu verfallen? Die angedachten Farb- und Stimmungswelten tauchten, angepasst an die neue Aufgabenstellung, beim Entwurf des LOISIUM Hotels und seiner äußeren Anmutung wieder auf: In warmen Erdtönen sind Erdgeschoss, das Volumen des Spa-Bereiches sowie das zweistöckige Vinotheksgebäude aufeinander abgestimmt. Und die Schatten spendende vorgeblendete Holzfassade aus unbehandeltem Lärchenholz wird allmählich vergrauen und den Stämmen der Weinstöcke immer ähnlicher werden.

DECORUM NICHT DEKOR

Gemütlich lässt es sich in der Lounge der Zeitlosigkeit entgegensteuern, bequem in die Nischen der schwarzen Regale versenkt, die die Essenz des Hauses, den südsteirischen Wein, beherbergen. Der hellgraue Lodenbezug der Hocker, das sanfte Licht und das Feuer im Kamin tun das Ihre zu einer wohligen Atmosphäre. Das gleiche Regalsystem sowie weiß lackierte Holzwände zonieren den anschließenden Restaurantbereich, wo man von weißer Bestuhlung aus und traditionell weiß gedeckten Tischen über den Weingarten hinweg in das südsteirische Hügelland blickt. Der Kamin ist aus gebürstetem Edelstahl, das weiße Holz und das abstrakte Gitterwerk der Regale geben Rätsel auf: Unter der schwarzen Lackierung stecken Industrieregale, unter der weißen Lasierung Fichtenholz. Die Farbe, wenn man augenzwinkernd will, macht die Objekte fit für die ihnen zugemessene Aufgabe. Solch ein Spiel mit Material und Farbe wiederholt sich an anderen

and alcoves. The constructive and economic optimization of the building, with its compact inner volume, makes so many spaces possible: the generously sized balconies, the spa zone with outdoor pool that adjoins the building in the west, the restaurant with a terrace, or the covered entrance with a sheltered outdoor lounge. The terracing of the two apartment buildings in front of the hotel echoes the hillside, a continuation of the concept of opening up to the landscape.

The choice of materials and the color concept were also made in direct reference to the surroundings. Here Peter Zinganel benefited from the inventory of ideas he had developed in preparing for the *Vinofaktur Vogau* competition, a wine logistics center with accompanying shop.[4] How can one transfer the pleasures associated with wine to architecture and materiality without succumbing to clichéd, rustic imagery? The color and atmosphere proposed for the *Vinofaktur* reappeared in the design of the LOISIUM Hotel and its exterior visage, although it was adjusted to account for the new program by employing warm earth tones that attuned the ground story, the spa zone, and the two-storey Vinotheque building to one another. Furthermore, the wooden skin sheathing and shading the building, is constructed of untreated larch, and as it weathers and becomes silvery gray it will come to resemble the stems of the vines.

Stellen im Gebäude, gibt Spannung und ist mitunter verantwortlich für das gewisse atmosphärische Etwas. »Was immer wir mit unserer Gestaltung an Authentizität schaffen wollten, musste künstlich bleiben«, so konsequent waren BEHF Architekten bei der Entscheidungsfindung der innenarchitektonischen Gestaltung. Die Anlehnung an den Ort, an das Steirische – abseits von hineingeträumten und marketingtauglichen Vorstellungen – war schwierig. »Denn was ist das typisch ›Steirische‹?«, fragte sich Stephan Ferenczy, verantwortlicher Projektarchitekt von BEHF Architekten. »Die ›toskanischen‹ Nebelschwaden? Das ist wunderbar, dass es das auch gibt. Sonst sind es jedoch Menschen, die wie überall in Österreich beim Billa einkaufen, Toyotas oder Golfs fahren.« Daher wurde der Frage nach Authentizität auf abstrakter Ebene begegnet und nach Qualitäten gesucht, die das »Steirische« abseits von klischeehaften Vorstellungen transportieren. Unversehrte Stellen der Normalität im Ort, wie die alten Bruchsteinplatten der Stiegen zum Mausoleum, gaben die Antwort, denn deren Stille und Einfachheit, so Ferenczy, waren jene gesuchten, unverfälschten Werte. Diese inhaltlich abstrakte Annäherung wurde in ein Gestaltungskonzept übergeführt, das mit klarer Linienführung, ausgewogenen Lichtstimmungen, vor allem aber schlichten Materialien der großen Form des Inneren begegnet und atmosphärisch differenzierte Raumzonen schafft. Die ursprüngliche Bedeutung von Dekor, Decorum kommt einem in den Sinn: das »Angemessene« oder »Schickliche«, kurz das angemessene Verhältnis einer Form zum Anbringungsort zu finden.

Das beginnt bereits in der Eingangshalle, wo die Gäste an Pulten aus beschlagenem Messing empfangen

DECORUM, NOT DECÓR

In the cosy lounge you can easily forget the passage of time, nestling comfortably in niches between the black shelving that holds South Styrian wine, the essence of the building. The bar stools' light-gray Loden upholstery, the soft light, and the flames in the open fireplace all contribute to a sense of wellbeing. The same shelving system, combined with white lacquered wooden walls, provides definition for the adjacent restaurant, from where, seated in white chairs at tables decked out in traditional white tablecloths, one can survey the vineyards and the South Styrian hills in the distance. The fireplace is of brushed stainless steel, while the white wood and the abstract grilles of the shelves make one ponder. Underneath the black lacquer is industrial shelving, under the white scumble finish is plain spruce. In a blink of the eye, so to speak, the color ensures that the objects are suited to their intended purpose. This playful approach to material and color turns up in a number of different locations in the building, provides a bit of excitement, and is partially responsible for the atmosphere's certain something.

"Whatever sort of authenticity we want to create with our design must remain artificial." This was BEHF's consistent approach to the decision making for the interior design. Making references to the immediate surroundings, or to ostensibly Styrian attributes – dreamy, marketing-compatible notions were out of the question –

Rezeption mit moosgrünen Fliesen und
Pulten aus beschlagenem Messing

—

Reception with moss-green tiles
and hammered-brass desks

rechts:
Blick in die Lounge

—

right:
View to the lounge

werden und sich in den moosgrünen Wandfliesen der Loungebereich von gegenüber spiegelt. Insbesondere findet sich im Grün das Aprikosenfarbene der großen Schirmlampen, die mit ihrem abstrakten Faltenwurf wie ein Leitsystem in unterschiedlichen Farben und Größen im Haus – bis hin zur Vinothek – wiederkehren. Für die subtile Lichtregie war das Wiener Designbüro von Christian Ploderer verantwortlich, der hier sowohl das traditionelle Glühfadenlicht zum Einsatz bringt, als auch die neuesten Technologien im Bereich der LED-Beleuchtung. So wählte Ploderer für die Grundbeleuchtung des Hauses kostenschonendes LED-Licht, entwickelte aber zusätzlich Sonderleuchten, die dank Retrofittings mit beiden Systemen bedient werden können: Lampen mit weichen Plisseeschirmen in unterschiedlichen Farbtönen (eine zweilagige Bespannung erzeugt den jeweiligen Farbton). Ein Aprikosenton für den Eingangsbereich und das Restaurant. In der Vinothek strahlen sie mit weitaus größeren Schirmen in kräftigem Hellblau und bringen so den Degustationsraum – Theke und sogar Bodenbelag sind hier mit gehämmertem Messing verkleidet – goldfarben zum Leuchten. Die Ketten der Aufhängung (schwarz im Hotel, golden in der Vinothek) sind eine Referenz an die alten steirischen Luster. Die schwarzen Leuchten des Restaurants mit ihrer besonderen »Zipfelmützen-Form« sind wiederum Standard-Leuchten aus Schweden.

Einen raumprägenden Akzent setzt im Eingangsbereich die Treppe aus Edelstahl und mit Treppenläufen aus Sichtbeton. LED-Strips hinter Opalblenden ziehen ihre scharfe Linienführung nach und bilden einen leuchtenden Handlauf. Mit skulpturaler Geste führt sie hinauf in die drei Stockwerke der Zimmer – und hinunter in den

was difficult. “After all, what is typically Styrian?” asked Stephan Ferenczy, principal of BEHF and project architect. “The Tuscan mist? It's wonderful to have. But otherwise, like elsewhere in Austria, the residents shop at Billa and drive Toyotas and Volkswagens.” That is why the theme of authenticity was approached on an abstract level, and qualities were sought that conveyed what “Styrian” is, but without recourse to hackneyed ideas. Intact pockets of normalcy in the town, such as the old flagstone stairs leading to the mausoleum, provided the answer, because their serenity and simplicity, according to Ferenczy, were precisely such genuine values. This content-oriented abstract approach was integrated in a design concept whose clear lines, balanced lighting atmosphere, and above all, simple materials are a foil to the large interior, creating spatial zones that are differentiated atmospherically. The original meaning of décor – decorum – comes to mind, that which is “appropriate” or “fitting” – in short, finding the fitting relationship of a form to its setting.

That begins in the entrance hall, where guests are met at hammered-brass desks and are reflected in the moss-green tiles of the lounge area opposite the reception. In particular, the green also mirrors the apricot of the large lamps that, with their abstract folds, turn up in different shapes and colors like an orientation system operating throughout the building, even in the vinotheque. Christian Ploderer's Vienna-based design firm was responsible for the

Spa-Bereich. Dort bildet das tiefe Grün der Fliesen den Rahmen für Stille. Wie generell mit viel planerischem Feingefühl der 1.400 Quadratmeter große Bereich zu einem ausgewogenen Ort des Rückzugs und der Regeneration geformt wurde. Die Liegemöglichkeiten verteilen sich auf mehreren Ebenen oder finden Platz vor verglasten Nischen mit Blick in die Landschaft. Intime Ruheräume bieten geschützte Atmosphäre. »Nicht die Großzügigkeit von Hallenbädern der Fünfziger Jahre mit ihren großen Glasflächen war hier unser Ziel, sondern dem großen Raum mit einer kleinteiligeren Struktur Behaglichkeit zu geben«, so Peter Zinganel. Die Innenarchitektur unterstützt den Anspruch an Behaglichkeit und spricht das Bild des Waldes an, der im Nebel liegt und von Sonnenstrahlen durchdrungen wird. Punktstrahler an der Decke schicken diese »Lichtstrahlen«, die im Wasserdampf sichtbar werden, in den Raum. Quadratische Lichtplatten sind für das breite, weiche Licht verantwortlich.

EINE WELT IN WEISS

Bereits bekannte Konstanten der Gestaltung sowie die Materialien in ihrer Purheit, jedoch in neuer Komposition, sind verantwortlich für die schlichten Zimmer. Lamperien aus weiß lackiertem Fichtenholz, von Wand zu Wand reichende Sitzbänke und vor allem die gläsernen Badboxen, die den Blick durch die Öffnungen der Lärchenholzfassade bis zum Grün des Schlossbergs freigeben, weiten die hellen, in ihrer Anmutung ruhigen Räume. Weiße Vorhänge fungieren als Raumteiler, erzeugen Vielschichtigkeit und somit räumliche Tiefe. Weiße große Schirmleuchten bespielen den Sitzbereich, kleinere, als Ersatz für die Tischlampe am Nachtkästchen, hängen über dem Bett. Das Spiel mit dem atmosphärischen

subtle variations in lighting, which employs both filament bulbs and state-of-the-art technology. For example, Ploderer chose economical LED bulbs for the building's ambient lighting, but also developed special lamps with soft, pleated shades in different colors created by two layers of fabric that, thanks to retro-fitting, can be used with both systems. A shade of apricot is used for the entrance zone and the restaurant, while in the vinotheque, where the lamp shades are considerably larger, a strong light-blue shines and causes the wine-tasting room, where the counter and even the floor are clad in hammered brass, to radiate a golden glow. The chains from which they are hung (black in the hotel, gold in the vinotheque) are a reference to old Styrian chandeliers. The black nightcap-shaped luminaries in the restaurant are, on the other hand, a standard Swedish product.

The stainless-steel stairway with concrete steps provides a space-defining accent in the entrance area. LED strips with opal covers retrace the stair's crisp lines and serve as an illuminated handrail. With its sculptural gesture the stair leads up to the three levels of guest rooms and down to the spa, where the deep-green tiles set a tranquil mood. On the whole a good deal of sensitivity was invested in the 1400 m^2 area to attain a well-balanced place to take refuge and regenerate. The reclining chairs are distributed on different levels, or are positioned in glazed alcoves with views of the landscape. The intimate "quiet rooms" offer a protective atmosphere.

gewissen Etwas findet auch hier seinen raffinierten Einsatz: Die schützenden weißen Vorhänge der Bäder zeigen (bei Benützung) bei abendlicher Beleuchtung einen Tanz an Silhouetten. »Es ist ein negligéartiger Vorhang, der mit dem Schatten spielt«, so Ferenczy. Auf den weiß bezogenen Betten liegen schmale indigofarbene Tagesdecken mit weißer Musterung: sogenannte Blaudrucke, die von bodenständiger steirischer Handwerkskunst mit langer Tradition zeugen. Vom Bauherrn für jedes Zimmer individuell ausgewählte Siebdrucke des österreichischen Künstlers Erich Steininger sind der einzige, bewusst gesetzte Bildschmuck.

Diese sinnliche Welt in Weiß komplementieren einige wenige Akzente in Schwarz, dezent in Position gebracht. So wie zum Beispiel der schwarze Kleiderbügel (ein durchaus handelsübliches Produkt), der sich elegant und selbstbewusst auf dem glänzenden Weiß der Lamperien gibt. Muss man noch nachfragen oder ist es bereits Gewissheit: kein Understatement als Kunstgriff, sondern der Anspruch an Decorum in seiner konzentrierten Form.

"Our goal here was not to recreate the generous scale of 1950s public swimming pools, but to give the large space a sense of cosiness by introducing a smaller scale," says Peter Zinganel. The interior architecture supports this goal and incorporates the imagery of a forest that is permeated by mist and sunshine. Spotlights on the ceiling send out "rays of light" into the space that become visible in the steamy air. Square luminaries supply the ambient, soft light.

A WORLD IN WHITE

The constants of the design already noted, plus materials in their pure state placed in new compositions, set the tone in the pared-down guest rooms. Wainscoting of white-lacquered spruce, a bench extending wall to wall, and above all, the glazed bathroom cubes, which permit views through openings in the larch facade onto the greenery of the Schlossberg, enlarge the bright, tranquil spaces. White curtains partition the rooms, creating variety, and at the same time, spatial depth. Large white lamps with shades animate the sitting area, while smaller ones – as substitute for the night table lamp – are suspended above the bed. The playful approach to that atmospheric "certain something" is quite refined, and when used with evening lighting, the sheltering white curtains for the bathroom display a dance of silhouettes. "It is a negligee-like curtain and the shadows become animated by it," says Ferenczy. Narrow indigo-toned Afghans with white patterns are placed on the white beds, the so-called

Designbüro Christian Ploderer,
Entwurfszeichnung der Schirmlampen
—
Designbüro Christian Ploderer,
design sketch of the bespoke lamps

blaudrucke (literally, blue prints) testifying to an old Styrian tradition of craftsmanship. The screen prints by the Austrian artist Erich Steininger, which were selected for each room by the clients, are the only ornament of this type and have been carefully placed.

This sensual world in white is complemented by a few precise accents in black. One such accent is a black clothes hanger (a standard commercial product) that elegantly and self-confidently appears in the glossy white of the wainscoting. Need I add, or has it already become perfectly clear, this is not a matter of understatement as artifice, but is aimed at achieving decorum in its concentrated form.

1
—
Für alle Informationen in diesem Artikel gilt mein ausdrücklicher Dank Tuula und Gerhard Nidetzky, Stephan Ferenczy, Michael Kaiser, Susanne Kraus-Winkler, Robert Kutscha, Veronika Oberwalder, Christian Ploderer, Claudia Pronegg, Rudolf Schwarzl, Martin Wratschko, Peter Zinganel. Gespräche September bis Dezember 2012.
—
My sincere thanks to Tuula and Gerhard Nidetzky, Stephan Ferenczy, Michael Kaiser, Susanne Kraus-Winkler, Robert Kutscha, Veronika Oberwalder, Christian Ploderer, Claudia Pronegg, Rudolf Schwarzl, Martin Wratschko, and Peter Zinganel who all provided information for this article in conversations held between September and December 2012.

2
—
Die Leistungen der PORR-Gruppe als eines der größten Bauunternehmen Österreichs umfassen vom Wohnbau bis hin zu komplexen Infrastrukturprojekten alle Bereiche der Bauwirtschaft. Eine wesentliche Kompetenz liegt dabei in der Projektentwicklung. Der Schwerpunkt der Unternehmensgruppe Mandlbauer (mit Sitz im steirischen Bad Gleichenberg) liegt auch in der Konzeption, baulichen Umsetzung und im Betrieb von touristischen Betrieben. Das Bauunternehmen Ing. Röck GmbH aus Ehrenhausen arbeitet v. a. im Bereich Wohn- und Gewerbebau. Das steirische Unternehmen Pongratz Bau GmbH ist u. a. im Wohn- und Industriebau tätig.
—
As one of Austria's largest construction firms, the PORR Group realizes projects in all areas of the construction sector, from residential architecture to complex infrastructure projects. One of its major areas of competency is project development. The focus of the Mandlbauer Consortium (based in the Styrian town Bad Gleichenberg) also lies in the conception, implementation, and operation of businesses in the tourist sector. The construction firm Ing. Röck GmbH of Ehrenhausen is active primarily in residential and commercial construction. The Styrian firm Pongratz Bau GmbH erects residential and industrial buildings.

3
—
Siehe zur LOISIUM-Philosophie den Artikel »Qualität in jedem einzelnen Detail« (Seite 66).
—
Regarding the LOISIUM Philosophy, see "Quality in every single detail" (page 66).

4
—
Der Wettbewerb wurde 2009 abgehalten. Als Sieger ging das Wiener Büro BWM Architekten mit Partner hervor.
—
The competition was held in 2009. It was won by the team led by Vienna-based BWM Architekten.

links:
Eingangsbereich und Rezeption
—
left:
Entrance area and reception

Lounge: Sitzmöbel mit
hellgrauem Lodenbezug
—
Lounge: seating with light-gray
Loden upholstery

Schwarz lackierte Regale zonieren Lounge und Weinbar

—

Black-lacquered shelves provide spatial definition between the lounge and wine bar

rechts:
Restaurant: aprikosenfarbene Schirmleuchten und Raumteiler aus weiß lackiertem Holz

—

right:
Restaurant: apricot lampshades and room dividers of white-lacquered wood

Schwarze Regale und weiß
gedeckte Tische im Restaurant
—
Black shelves and tables decked
out in white

rechts unten:
Blick vom Restaurant auf
Schloss Ehrenhausen
—
below right:
View from the restaurant
to Schloss Ehrenhausen

links und oben:
Erlebnisvinothek LOISIUM Südsteiermark: mit gehämmertem Messing verkleidet
—
left and above:
Vinotheque LOISIUM Südsteiermark: clad in hammered brass

»Ehrenhausner Weingeschichten« des Schweizer Künstlers Hugo Schaer
—
"Ehrenhausner Weingeschichten" [Wine Stories of Ehrenhausen] by the Swiss artist Hugo Schaer

QUALITÄT IN JEDEM EINZELNEN DETAIL
Gudrun Hausegger im Gespräch mit Tuula und Gerhard Nidetzky sowie Susanne Kraus-Winkler

QUALITY IN EVERY SINGLE DETAIL
Gudrun Hausegger in conversation with Tuula Nidetzky, Gerhard Nidetzky, and Susanne Kraus-Winkler

Seit 2003 gibt es die Weinerlebniswelt im niederösterreichischen Langenlois, 2005 eröffnete das dazugehörige Hotel. Das Ensemble ist als Wein-Destination LOISIUM mittlerweile weit über die Landesgrenzen hinaus bekannt. Tuula und Gerhard Nidetzky, die Initiatoren des Projekts, betreiben gemeinsam mit der Hotelexpertin und Unternehmerin Susanne Kraus-Winkler als Eigentümer sowie Geschäftsführer dieses Stammhaus, so kann man es durchaus schon nennen. Denn was einst mit der Nutzung von jahrhundertealten, endlos langen Weinkellern, die an das Wohnhaus der Nidetzkys angeschlossen waren, begann, findet seine erfolgreiche Nachfolge auch in anderen führenden Weinbauregionen: Im Juni 2012 eröffnete das LOISIUM Wein & Spa Resort Südsteiermark. Die Baubewilligung zu einem weiteren LOISIUM Weinresort an der Elsässer Weinstraße wurde – nach vierjährigen, zähen Verhandlungen – kürzlich erteilt. 2016 wird man gehobenen Weingenuss im Sinne der LOISIUM-Philosophie sodann auf französischem Boden erleben können. Ein weiteres LOISIUM-Projekt in Franken in Deutschland ist bereits in Verhandlung. Mit der unterschiedlichen Verteilung ihrer Kompetenzen führen Tuula und Gerhard Nidetzky gemeinsam mit Susanne Kraus-Winkler bei allen diesen Vorhaben Regie.

Gudrun Hausegger: Bei meiner Arbeit 2006/2007 an der Publikation über das LOISIUM Langenlois wurde der Begriff LOISIUM-Philosophie noch nicht verwendet. Wann hat sich diese Begrifflichkeit entwickelt und was ist darunter zu verstehen?

Susanne Kraus-Winkler: Das war ein Entwicklungsprozess. Die anfängliche Idee war zunächst, dem Wein eine hochwertige architektonische Plattform zu geben, die einem zeitgenössischen Anspruch gerecht wird. Mit den

The World of Wine in the village of Langenlois opened in 2003, with the accompanying hotel opening two years later. In the meantime, the ensemble is known far beyond Austria's borders as the LOISIUM Langenlois. Tuula and Gerhard Nidetzky, who initiated the project, joined forces with hotel expert and entrepreneur Susanne Kraus-Winkler as owners and executive directors of this "home base" – now a legitimate term in every sense. Legitimate, because what began as an idea to put the vast, centuries-old wine cellars that adjoin the Nidetzky's home to use is being emulated in other leading winegrowing regions. In June 2012 LOISIUM Wine & Spa Resort Südsteiermark opened its doors, and after four years of tough negotiations the building permit for the LOISIUM Wine Resort on the Alsatian wine route has recently been granted. Beginning in 2016, it will also be possible to experience the LOISIUM philosophy of wine Epicureanism on French soil. In addition, negotiations are currently under way for a LOISIUM project in Franconia, Germany. While Tuula and Gerhard Nidetzky and Susanne Kraus-Winkler each fulfill a distinct role within the project, together they serve as directors.

Gudrun Hausegger: When I was working on the LOISIUM Langenlois publication in 2006/2007, there was no mention of the term LOISIUM philosophy. How did this term develop, and what does it refer to?

Susanne Kraus-Winkler: It took time for it to develop. The initial idea was to give wine

Gerhard Nidetzky, Gudrun Hausegger, Susanne Kraus-Winkler, Tuula Nidetzky (v. l. n. r.)

—

From left to right; Gerhard Nidetzky, Gudrun Hausegger, Susanne Kraus-Winkler, Tuula Nidetzky

Produkten und den Angeboten entwickelte sich diese ursprüngliche Anforderung jedoch weiter. Mittlerweile geht es nicht mehr alleine um den Wein, sondern um das Weinerlebnis, um die Emotion, die eine gesamte Weinregion zu bieten hat – und das in Kombination mit zeitgenössischem Design und zeitgenössischer Architektur. Das heißt, wir sind bereits einen Schritt weiter als in den Jahren 2006/2007.

—

GH: Wie kann man sich diese Weiterentwicklung vorstellen?

Gerhard Nidetzky: Diese stand in engem Zusammenhang mit der Möglichkeit, weitere Hotels zu realisieren, da wir im Anschluss an die Eröffnung des LOISIUM Langenlois zahlreiche Anfragen in diese Richtung bekamen. Der Standort Elsass ist ein gutes Beispiel: Der dortige Tourismus-Verantwortliche ist mit dem Interesse an uns herangetreten, mit uns ein weiteres LOISIUM Weinresort zu verwirklichen.

Tuula Nidetzky: Die LOISIUM-Philosophie muss dann in die am Standort herrschenden Gegebenheiten eingefügt werden. So wird die Architektur nie die gleiche sein, es müssen aber die angeforderten Funktionen erfüllt werden.

a first-rate architectural platform that would satisfy contemporary demands. But parallel to the products and marketing, this initial requirement continued to evolve. It is no longer just about wine, but about the experiences surrounding it, the sensations that an entire winegrowing region has to offer, combined with contemporary design and contemporary architecture. In other words, we're a step further than we were in 2006/2007.

—

GH: Could you give us an impression of what this further development involves?

Gerhard Nidetzky: This was closely related to the possibility of building more hotels, because after LOISIUM Langenlois opened, we received a number of inquiries about it. The location in Alsace is a good example: the head of the local department of tourism contacted us to express interest in creating a LOISIUM Wine & Spa Resort there.

Tuula Nidetzky: The LOISIUM philosophy must then be inserted into the specific set of conditions present at the different locations. For example,

LOISIUM Wine & Spa Resort Langenlois von Architekt Steven Holl, 2005

—

LOISIUM Wine & Spa Resort Langenlois by Architect Steven Holl, 2005

GH: Welcher Art waren die Angebote und warum lehnten Sie manche davon ab?

S. Kraus-Winkler: Es waren unterschiedlichste Angebote in unterschiedlichen Gegenden. Oft passte der Standort nicht, da er entweder für den bei uns stark ausgeprägten Kurzurlaubstourismus zu weit von ausreichend großen Ballungszentren entfernt war, wie im Fall der Region um Tokaj, oder in keiner Weingegend lag, die touristisch interessant genug entwickelbar war. Wir stehen da und dort auch immer wieder vor der Entscheidung, wie weit wir uns vom Weinberg selbst wegbewegen wollen und inwieweit wir bereit sind, auch rein weinthematisierte Hotels zu bauen. Im Laufe dieses Entwicklungsprozesses stellten wir zusätzlich fest, dass es nicht genügt, nur ein interessantes Hotelgebäude zu realisieren. Wir müssen mehr denn je anspruchsvolle und emotionalisierende Themenangebote entwickeln, um vor allem eben den Kurzurlaubsgast in diese Destinationen zu bringen, die ja keine klassischen touristischen Urlaubsorte an sich sind.

—

GH: Ist damit das Kamptal oder die Südsteiermark gemeint?

G. Nidetzky: Im Grunde gilt das für beide Gebiete, denn die Südsteiermark ist nur vordergründig touristisch voll entwickelt, als Ganzjahresdestination auf dem Niveau

the architecture will never repeat itself, but its functional requirements must always be fulfilled.

—

GH: What sorts of offers have you received, and why do you turn some of them down?

S. Kraus-Winkler: There have been different offers from different regions. Often the location was not quite right; either it was too far away from urban areas with enough customers who take brief getaways, as was the case in the Tokaj region, or it was not situated in a wine region that had the potential to become an interesting tourist destination. In each instance we must decide how far away we want to be from the vineyards and to what extent we are also willing to build hotels with a theme oriented exclusively to wine. Over the course of this development process we also realized that simply building an interesting hotel is not enough. More than ever we must develop ambitious themes that appeal to the emotions and, above all, attract people to these destinations, which are not *per se* classic vacation spots.

—

GH: Are you referring here to Kamptal, or South Styria?

G. Nidetzky: It applies to both regions in principle, because South Styria is only at first

und mit dem Fokus, wie wir uns das wünschen würden, gibt es jedoch noch nichts Nachhaltiges.
S. Kraus-Winkler: Aber es ist in Entwicklung begriffen. Es werden zum Beispiel diesen Winter, da das Hotel dementsprechend frequentiert sein wird, einige Besitzer von den beliebten Buschenschanken ihre Winterpause unterbrechen und ihre Betriebe offen halten oder an bestimmten Tagen mit spezifischen Angeboten aufwarten. Bis vor Kurzem war es in dieser Region noch unvorstellbar, dass eine Buschenschank auf ihre übliche Winterpause verzichtet.
G. Nidetzky: Wie Sie sehen, sind wir teilweise Initiatoren solcher Entwicklungen, manchmal sogar Mitorganisatoren.

—

GH: Das LOISIUM Langenlois betreiben Sie als Eigentümer und Geschäftsführer, beim LOISIUM Südsteiermark treten Sie in Form der LOISIUM-Gruppe als Mitinvestoren und Betreiber auf. Welches dieser Konzepte werden Sie künftig verfolgen?

G. Nidetzky: Man muss hier auseinanderhalten: Die LOISIUM Wein & Spa Resorts als Idee und Produkt, das sind wir. Diese Hotelimmobilien nur als Investmentanlage zu sehen, da gibt es auch andere Immobilienbesitzer. Unsere Kompetenz wird weiterhin darin bestehen, Konzepte zu planen und umzusetzen. Wir werden die Hotels auch betreiben, müssen aber nicht mehr Immobilieneigentümer sein.
S. Kraus-Winkler: Von meiner Seite ausgedrückt: Produktidee und Produktentwicklung sowie Betreiberschaft kommen von uns, an manchen Orten kommt eventuell eine Art Franchise & Marketing Kooperation in Frage. Danach steht jedoch der Besitz der Immobilie nicht mehr im Vordergrund.

glance fully developed as a tourist destination. It will take time until it is an enduring, year-round destination at the standard and with the focus that we are striving for.
S. Kraus-Winkler: But it's coming along. For example, because the guest frequency at the hotel will be high this winter, some owners of the popular *buschenschank* restaurants (traditional wine restaurants, often in or near wine cellars) will interrupt their winter breaks and keep their establishments open, or introduce special offers on certain days. Until quite recently it was inconceivable in this region that a *buschenschank* would give up its yearly winter break.
G. Nidetzky: As you see, sometimes we even spark such developments – and help organize them.

—

GH: You operate LOISIUM Langenlois as owners and executive directors, while at LOISIUM Südsteiermark you take the form of LOISIUM Group and act as co-investors and operators. Which of these concepts will you pursue in the future?

G. Nidetzky: We have to differentiate: LOISIUM Wine & Spa Resorts as concept and product – that's what we do. We leave it to other real estate professionals to develop the hotel as real estate – as an investment. We will continue to use our expertise to develop and realize concepts, and we will also operate the hotels, but we will not necessarily own the property.
S. Kraus-Winkler: From my vantage point, we take care of ideas for products, product development and management, which at some locations

GH: Wie sieht die Verteilung der Kompetenzen zwischen Familie Nidetzky und Frau Susanne Kraus-Winkler aus?
T. Nidetzky: Mein Part ist, jeweils in der Planungs- und Bauphase die Bauherrenentscheidungen bezüglich architektonischer Fragen sowie Fragen der Inneneinrichtung zu treffen. Das touristische Produkt besteht ja immer aus zwei Teilen, aus der Software, den Produktelementen und aus der Hardware, den baulichen Gegebenheiten. Ich bin sozusagen für die Hardware zuständig.
S. Kraus-Winkler: Zu dieser Hardware entwickle ich die Software in Form von touristischen Angeboten und der Logistik der Immobilie, sodass es am Ende ein in sich geschlossenes Produkt entsprechend unserer LOISIUM-Philosophie wird.

—

GH: Im Hinblick auf die zukünftig geplanten LOISIUM Wein & Spa Resorts wurde vorhin angesprochen, dass es bei deren Multiplikation darum geht, was sie darstellen sollen. Welche Konstanten muss ein Hotel aufweisen, um den Namen LOISIUM führen zu können?
G. Nidetzky: Es gibt eine Check-Liste, die die Voraussetzungen für ein LOISIUM Wein & Spa Resort festlegt. Fixe Bestandteile sind ein Hotel mit Vier-Sterne-Qualität und der entsprechenden Gastronomie, ein Wein-Spa, um das ganze Jahr mit einem touristischen Programm aufwarten zu können, Konferenzräume und eine regionale Erlebnis-Vinothek mit einem umfangreichen Seminarangebot rund um den Wein.

—

GH: Wie kann man sich dieses Erlebnis vorstellen?
S. Kraus-Winkler: Das bezieht sich auf ein breit gefächertes Angebot von Weinseminaren, Weinverkostungen, Wein-Events, ebenso wie Ausstellungen

may operate as a kind of franchise and marketing cooperation, but beyond that the emphasis is no longer on ownership of the property.

—

GH: How are the responsibilities divided between the Nidetzky family and Susanne Kraus-Winkler?
T. Nidetzky: During both the planning and construction phases I am responsible for making the client decisions relating to the architecture and the interior furnishings. The tourist product is always made up of components, which we call the software, and of hardware, which is the specific built environment. I am responsible, so to speak, for the hardware.
S. Kraus-Winkler: I develop the software – in the form of tourism packages and the logistics of the property – to go with this hardware, so that it eventually becomes a coherent product that corresponds to our LOISIUM philosophy.

—

GH: With respect to future LOISIUM Wine & Spa Resorts, it was mentioned that when new locations are introduced, it is necessary to know what they should represent. Which features must a hotel have to be eligible to bear the name LOISIUM?
G. Nidetzky: We have a checklist that stipulates what the qualifications for a LOISIUM Wine & Spa Resort are. Standard features are a four-star hotel with corresponding restaurants, a wine spa, a year-round tourist program, conference rooms, and a regional vinotheque

Gerhard Nidetzky

—

und kulturelle Veranstaltungen mit vinophilem Bezug. Um den Weinhandel zu fördern, muss man den Gast einfach auf mehreren Ebenen an den Wein heranführen. Natürlich kann es sein, dass es bei dem einen oder anderen Standort mehr als eine Erlebnisvinothek gibt, das hängt ganz von den örtlichen Gegebenheiten ab.

G. Nidetzky: Hier ist wieder das künftige LOISIUM Weinresort im Elsass ein gutes Beispiel: Der Bauplatz liegt unmittelbar neben einem Kloster, von dem nur die lange Steinmauer und ein Narthex, der Eingang in die ehemalige Kirche, erhalten sind. Da würde es sich anbieten, dass man in Kooperation mit dem örtlichen Kulturverein den Klostergarten reaktiviert oder im Narthex ein Kulturprogramm entwickelt.

—

GH: Gibt es internationale Vorbilder für die Weinkompetenz der LOISIUM Weinresorts?

S. Kraus-Winkler: In dieser Hinsicht war das Hotel Les Sources de Caudalie in der Nähe von Bordeaux eines der Ersten, allerdings wurde das in traditioneller Bauweise errichtet. Wenn Sie mich nach einem Beispiel zeitgenössischer Architektur fragen, dann gibt es in Europa aus meiner Sicht nur eine Anlage, das Marqués de Riscal im Rioja-Weingebiet in Nordspanien. Generell hat sich das Thema Wein-Spa in den letzten zehn, verstärkt in den letzten fünf Jahren, entwickelt. Das Les Sources de Caudalie war hier sicherlich

Experience including a wide variety of seminars about wine.

—

GH: What might the experience be like?

S. Kraus-Winkler: The Vinotheque Experience refers to a wide assortment of wine seminars, wine-tasting sessions, wine events, as well as exhibitions and cultural events for wine lovers. To nurture the wine business, one must guide the guest to the wine on a number or levels. Of course it is possible for one location to have more than one vinotheque, that depends entirely on the local conditions.

G. Nidetzky: The LOISIUM Wine Resort about to be built in Alsace is once again a good example. The location is adjacent to the remains of a monastery, with long stone-masonry walls and a narthex, and the entrance to the former church. There is the opportunity to reactivate the cloister garden or develop a cultural program for the narthex in cooperation with a local cultural club.

—

GH: Are there international precedents for the LOISIUM Wine Resorts' expertise?

S. Kraus-Winkler: *Les Sources de Caudalie*, a hotel near Bordeaux, was one of the first, but the architecture is traditional. If you would like an example employing contemporary architecture, there is in my view only one compound in Europe: the *Marqués de Riscal* in the Rioja region in northern Spain. Generally speaking, the wine spa as a theme has continued to develop over the last ten years, and has intensified in the last five.

LOISIUM Weinerlebniswelt in Langenlois von Architekt Steven Holl, 2003
—
LOISIUM World of Wine in Langenlois by Architekt Steven Holl, 2003

Wegbegleiter der LOISIUM Weinresorts. Es sind auch Hotels in Weinregionen zu finden, die das eine oder andere Wellness-Angebot mit dem Thema Wein kombinieren, die jedoch nicht so wie die Wein-Destination LOISIUM den Wein in ein komplexes Gesamtprodukt einbinden.
G. Nidetzky: Der Unterschied zu Hotels in internationalen Weinbaugebieten besteht zudem darin, dass ein LOISIUM Weinresort nicht auf ein einzelnes Weingut ausgerichtet ist, sondern die gesamte Vielfalt einer Region präsentieren soll.
—
GH: Frau Kraus-Winkler, in einer Pressemeldung in Bezug zum LOISIUM Südsteiermark meinten Sie, es sei Ihnen bewusst, dass die Architektur nicht allen gefallen wird. Wem sollte sie denn gefallen?
G. Nidetzky: Diese Frage würde ich gerne beantworten: Es muss nur ausreichend vielen gefallen, sodass sich genügend Gäste einfinden. Wenn sich jemand in unseren Wein & Spa Resorts nicht wohlfühlt, dann ist das nicht sein Hotel. Wir können nicht alle glücklich machen.
S. Kraus-Winkler: Zeitgenössische moderne Architektur ab einem bestimmten Qualitätsanspruch polarisiert immer. Wir befinden uns mit jedem LOISIUM Weinresort in der gleichen Situation. Die Gäste, die zu uns kommen, setzen sich meist intensiver mit dem Design auseinander als in einem traditionellen oder reinen Nullachtfünfzehn-Hotel.

Les Sources de Caudalie was certainly a beacon for LOISIUM Wine Resort. There are also some hotels in wine regions that combine a few wellness programs with the wine theme, but not to the extent that the LOISIUM, as a wine destination, incorporates them into a complex, comprehensive product.
G. Nidetzky: In contrast to hotels in international winegrowing regions, a LOISIUM Wine Resort is not oriented to a single winery, but seeks instead to draw attention to the variety present in the region.
—
GH: Ms. Kraus-Winkler, in a press release related to LOISIUM Südsteiermark, you mentioned that you are aware that the architecture will not be to everyone's taste. Who should it appeal to?
G. Nidetzky: I'd like to take this question. It need only appeal enough to keep the guests coming. There will be people who do not feel comfortable in our Wine & Spa Resorts. We can't please everyone.
S. Kraus-Winkler: Contemporary modern architecture that surpasses a certain standard always polarizes. We are in the same situation with every LOISIUM Wine Resort. Our guests tend to engage more intensely with design than guests in a conventional or run-of-the-mill hotel would.
G. Nidetzky: With our design we want to make people aware that there are options. Many hotel guests have become accustomed to tuning out their surroundings. In a LOISIUM Wine & Spa Resort something stands out, and the guest has the opportunity to engage with it. At LOISIUM

G. Nidetzky: Wir machen mit unserer Gestaltung bewusst, dass es auch etwas anderes gibt. Viele Gäste sind es gewohnt, dass ihnen nichts auffällt. In einem LOISIUM Weinresort fällt etwas auf und der Gast soll sich damit auseinandersetzen können. Im LOISIUM Südsteiermark zum Beispiel sind die grünen Fliesen und die schwarzen Regale ständiges Diskussionsthema.

T. Nidetzky: Ja, das Gebäude und die Einrichtung sind modern und sicherlich nicht jedermanns Sache. Aber es hat Qualität. Und das ist das Wichtige. Wir achten bei jedem einzelnen Detail in unseren Häusern sehr auf Qualität. Es gibt kein oberflächliches Design. Man muss sich in irgendeiner Form damit auseinandersetzen, es darf einen nicht kalt lassen. Daher kommt es ja zu dieser Polarisierung. Aber die Herausforderung wird sicherlich sein, wie wir zukünftig noch besser kommunizieren, worum es jeweils geht.

—

GH: Das LOISIUM Wein & Spa Resort im Elsass wird wieder, so wie das LOISIUM Langenlois, vom US-amerikanischen Architekten Steven Holl gebaut werden. Wird Steven Holl der neue Haus- und Hofarchitekt der künftigen LOISIUM Weindestinationen sein?

S. Kraus-Winkler: Nein, wechselnde Architekten sind wichtig, da hochwertige zeitgenössische Architektur verschiedene Ausprägungsformen hat.

G. Nidetzky: Wir werden künftig Ausschreibungen machen und dazu ausgewählte Architekten im kleinen Rahmen einladen. Jeder Architekt hat seine eigene Formen- und Zeichensprache, die er jedoch, so gut er auch ist, nicht ständig revolutionär abwandelt.

Wien, im Oktober 2012

Südsteiermark for example, the green tiles and the black shelving are a constant topic of discussion.

T. Nidetzky: Yes, the building and the furnishings are modern and will certainly not appeal to everyone. But the standard is high, and that is what counts. In our buildings we pay attention to every single detail. There is no superficial design. One has no choice but to grapple with it. The design just shouldn't leave you cold. That is why this polarization comes about. But in the future, the challenge will definitely be to communicate even more effectively what each project is about.

—

GH: Like LOISIUM Langenlois, the LOISIUM Wine & Spa Resort in Alsace will be designed by Architect Steven Holl. Will he become your preferred architect for all future LOISIUM wine destinations?

S. Kraus-Winkler: No, it is important to work with different architects, because first-rate contemporary architecture takes different forms.

G. Nidetzky: In the future we will develop programs and invite a select few architects to submit designs. Regardless of how good he or she is, every architect has a specific formal vocabulary and cannot constantly reinvent it.

Vienna, October 2012

Treppe aus Edelstahl und Sichtbeton
als Haupterschließung des Hotels
—
Stainless-steel stair and exposed concrete:
the hotel's vertical circulation

Wandzeichnung »Gaïa Styria« des
französischen Künstlers Laurent Ajina
—
"Gaïa Styria" mural by the French
artist Laurent Ajina

rechts:
Sitzecke im Rezeptionsbereich
—
right:
Seating in the reception zone

Blick vom Wine & Beauty Spa
in den Weingarten
—
View from the Wine & Beauty Spa
to the vineyard

oben:
Ruheraum
—
above:
Quiet room

Intime Ruhe- und Aufenthaltsräume im Spa
—
Intimate spaces for rest and relaxation in the spa

rechts:
Liegemöglichkeiten auf mehreren Ebenen
—
right:
Reclining chairs on different levels

nächste Seite:
Blick vom Weingartenpool ins südsteirische Hügelland
—
next page:
View from the vineyard pool to the South Styrian hills

Hotelzimmer mit gemütlicher Wohnlandschaft
—
Hotel room with cosy interior design

links oben:
Blick durch die Lärchenholzfassade auf Schloss Ehrenhausen
—
above left:
View through the larch facade to Schloss Ehrenhausen

links unten:
Lamperie und Sitzbänke aus weiß lackiertem Fichtenholz
—
below left:
Wainscoting and benches of white-lacquered spruce

Suite mit großzügigem Badbereich
—
Suite with spacious bath zone

Weiße Vorhänge als schützende Raumteiler

—

White curtains provide a sense of privacy

Harry Gatterer

AUF UMWEGEN IN DIE ZUKUNFT –
Vom Ende des Urlaubs und der Bedeutung des physischen Ortes

A CIRCUITOUS PATH TO THE FUTURE –
The end of vacationing and the significance of the physical location

Ein Text über Tourismustrends und die Hotellerie der Zukunft sollte es werden. Ein Ideengeber dafür, wohin »die Reise« in Zukunft geht. Dabei könnte man sich stringenter Trends bedienen und über ihre Wirkung erzählen. Aber dies, so schien mir, passt nicht in eine Publikation, dessen Herausgeber eines der konsistentesten Hotelkonzepte Österreichs umsetzt. Weshalb ich mir ein Mäandern in den großen Phänomenen unserer Zeit erlaube, welche letztlich ein Umdenken des touristischen Angebots erzwingen werden. Aber lesen Sie selbst.

Reisen ist Teil unserer modernen Identität. In unserer hochgradig mobilen Welt können wir uns ein Leben ohne Unterwegssein schon gar nicht mehr vorstellen. Dazu gesellt sich eine Digitalisierung von enormem Ausmaß, weshalb uns der Philosoph Byung-Chul Han darauf hinweist, dass wir ohnehin nur mehr Touristinnen und Touristen in einer Hyperkultur sind: unterwegs in einer Welt, die durch digitale Informationen und die damit entstehenden Options-Vielfalten das Individuum in einen permanenten Entscheidungs-Stress führt. Jeden Tag aufs neue müssen wir uns fragen: Wohin soll meine persönliche Reise gehen, was sind meine Ziele? Der so prägende Megatrend Individualisierung speist sich daraus. Individualisierung bedeutet schlicht, die Freiheit der Wahl zu haben. Eine Freiheit, von der die Technologie verspricht, sie einzulösen. Immer häufiger werden menschliche Entscheidungen durch Algorithmen getroffen, wo bislang Intuition verantwortlich war: die Auswahl der richtigen Musik, das Finden eines passenden Lokals, die Empfehlung eines Weins, das Finden eines geeigneten Freundes in der Fremde (wie das bei den Couchsurfern geschieht) oder eben des passenden Reiseziels. Für alles gibt es eine App und ein Netz …

This was to have been an essay on trends in the tourist and hotel sector, one that suggested where the journey to the future might be headed. It would have delved into the prevailing trends and described the influence they are having. But it seemed to me that this approach was not fitting for a publication whose editors implement Austria's most consistent hotel concepts. Therefore I will allow myself to meander through the major phenomena of our time, a path that calls for a reappraisal of the tourist infrastructure. Please bear with me.

Travelling is a part of our modern identity. In a day and age characterized by extreme mobility, we can no longer imagine not being "on the go". In addition, digitalization has become so predominant that, as the philosopher Byung-Chul Han has pointed out, we have become mere tourists in hyperculture: we "pass through" a world in which the great abundance of digital information and the accompanying options require constant decision making, and this in turn constitutes a source of continual stress. Each day we are faced with questions such as: Where is my personal journey headed? What are my goals? The pervasive trend toward individualization feeds off these questions. Individualism simply refers to having freedom of choice – a freedom that technology promises to make available to us. Decisions that were once made intuitively are increasingly the domain of algorithms: selecting the right music, the ideal restaurant, a bottle of wine, and

Datenbanken und das unbekannte Kollektiv werden zum Einflüsterer, weil das Internet per se längst zur Suppe von Meinungen geworden ist.

Wir sind also Reisende durch ein real-digitales Leben. Wir haben uns in der Hyperkultur einem Dasein im Multitasking verschrieben, immer online und bereit für Information. Inmitten eines Grundrauschens an Informationen und Optionen lösen sich auch lineare Zeitvorstellungen auf, und Ereignisse – Events – avancieren zum Maßstab unseres Zeitgefühls. Man könnte auch sagen: Wir gestalten unser Leben gar als eine Aneinanderreihung von Events. Online und offline. Mit dem dadurch erreichten verschwommenen Blick lösen sich tradierte Grenzen auf, zum Beispiel der Unterschied zwischen Arbeitszeit und Freizeit: Wann und wo befinden wir uns »in der Arbeit«, und wann haben wir »frei«? In Zeiten der Wissensgesellschaft lesen sich diese Rubriken verbraucht und abgenutzt. Die Vermischung der Sphären ist das neue Leben, und Gäste wollen eben in Hotels leben, und nicht mehr nur darin übernachten. Die touristischen Industrien reflektieren dies kaum und sprechen mit ihrem gesamten Kommunikations-Bombardement noch immer von der »schönsten Zeit im Jahr« – vom Urlaub. Aber Urlaub, das ist ein Konzept aus einer anderen Epoche. Urlaub ist ein Teil der Arbeit, weil es dem Arbeitenden erlaubt, sich zu erholen, um letztlich wieder fit für die Arbeit zu sein. Heute, wo diese Dualität zersplittert, taugt der Begriff des Urlaubs kaum mehr. Es wird in Zukunft also keinen Urlaub mehr geben, weil man ihn nicht mehr braucht. Die dem Urlaub zugeschriebenen Effekte – vordergründig Erholung – werden moderne Wissensarbeiterinnen und -arbeiter in ihren Lebensalltag

finding a friend (e.g., couch surfing) or the fitting travel destination. There's an app or a network for everything. Data banks and the unknown collective become persuasive entities because the Internet *per se* has long been the cauldron in which opinions brew.

We are, in other words, travellers through a life both real and digital. In today's hyperculture we have prescribed ourselves a multi-tasking existence – always online and ready for new information. Amid the "white noise" of information and options, all linear temporal notions dissolve, and occurrences – events – become the scale for our sense of time. Or phrased differently: we organize our lives as a series of events. Online and offline. With the blurred vision we've acquired in this manner, long-established boundaries are dissolving, e.g. the difference between work time and leisure time: when and where are we "working", and when do we have "free time"? In the knowledge society, such distinctions seem worn and tattered. Mixing the two spheres is the new way of life, and guests now want to live in hotels, not just stay there. However, this is hardly reflected by the tourist industries: their entire message is oriented to "the best time of the year" – to vacation. But the concept of vacation originated in a different era. Vacation is part of work, because it allows one to recover from work, and to ultimately be fit for more work. Now that this duality has been shattered, there is little justification for the term vacation. Therefore in

integrieren (müssen). Urlaub wird zum Alltag, hat aber nicht zwingend mit Reisen zu tun.

EINE MOBILE GESELLSCHAFT SUCHT DIE PLANBARE ÜBERRASCHUNG

Dennoch werden Menschen reisen, sich entlang individueller Ideen via App und Netzwerk mit der Masse beraten, um letztlich punktgenau für sie gut konzipierte Reise-Erlebnisse zu erfahren. Reisende der Zukunft wollen aber nicht via Baukasten immer wieder von vorne beginnen, ihre Reisen zu initiieren: Was Menschen in Zukunft suchen, ist eher mit einer Garantie für individuelle Erlebnisse gleichzusetzen. Sie wollen wissen – im Vorfeld –, dass es besonders und außergewöhnlich wird. So kann man davon ausgehen, dass wir auch in Zukunft pauschale Angebote für das Reisen nutzen. Weil in der Pauschalität ein Versprechen der Vereinfachung inkludiert ist. Aber die pauschale Lösung darf nicht banal sein. Sie muss den Hauch der Hyperkultur, also eine inhaltliche Komplexität, versprechen. Wer reist, macht in Zukunft nicht Urlaub von der Arbeit, sondern er reist, um zu reisen! Das macht einen gravierenden Unterschied. Reisen folgt damit vielfältigen Ideen, wie beispielsweise Inspiration und Kreativität, Erholung, Austausch, Lernen, Gesundheit, Trauer oder Spaß, ... Aber diese Zwecke dürfen nicht auf der Oberfläche abgeholt werden. Nicht das Banale ist es, dass das Reisen in Zukunft prägt, sondern das Gekonnte und Besondere. Als eine reise-erfahrene Gesellschaft suchen wir tiefere Erlebnisse und berührende Momente. Spaß, aber gut gemacht. Erholung, aber echt. Ein Beispiel: Wer Gesundheit sucht, will nicht Wellness oder ein bisschen Massage. Sondern ein echtes und tiefes Verständnis über sich und den eigenen Körper erlangen. Wer Inspiration

the future there will be no vacation, because there will be no need for it. Members of the modern knowledge workforce will have to incorporate the effects attributed to vacation – recreation and relaxation – into their daily lives. Vacation becomes the new norm, but does not necessarily have anything to do with travelling.

A MOBILE SOCIETY IN SEARCH OF A SCHEDULABLE SURPRISE

People will, however, continue to travel and will turn to apps and networks for a wide-range of advice to custom-plan their travel experiences. But travellers of the future will not want to start from scratch every time they initiate a trip, what the people of the future will be looking for can perhaps better be equated with having unique experiences. They want to know – in advance – that it will be special and out-of-the-ordinary. Accordingly, we can assume that in the future we will also continue to take advantage of package deals – because the package holds the promise of simplification. But it must not be banal. It must promise a whiff of hyperculture, in other words, complexity of content. In the future, a person who travels will not be taking a vacation from work, but will travel for the sake of travelling. That is a clear distinction. In this way, travelling will be a means of engaging in and with a great variety of concepts and pursuits, including, for example, inspiration and creativity, recreation, interaction, learning, health, mourning, or fun, but the goals should not be too easily attainable. Travel of the

sucht, will nicht nur eine Landkarte einer Stadt, sondern ungeahnte und versteckte Hotspots und Kontakt zu den Locals, tiefer liegende Eindrücke jenseits des Normalen. Und weil sich in einer Hyperkultur alles auch immer digital niederschlägt, werden Städtereisende auch schon zu City-Hackern hochstilisiert.

Wem dies alles zu technoid klingt, wird sich wundern. Die technologische Welteroberung hat erst begonnen, und wir gewöhnen uns an das Kernversprechen dieser Technologien: das Funktionieren. Selbst unser Sozialkapital aus Verknüpfungen und Beziehungen könnten wir ohne Technologie nicht mehr organisieren. Auch das Intimste, das Suchen eines Partners, überlassen wir den kleinen Programmen der großen virtuellen Verkuppler. So vertieft sich mit diesem neuen Verständnis auch unser Anspruch ans Reisen: Wir wollen verstanden, vernetzt und betreut werden – aber bitte individuell und immer dann, wann wir es für richtig empfinden. Reisen wir damit komplexer im Anspruch, aber einfacher in der Anwendung?

IN DER HYPERKULTUR WÄCHST DIE KRAFT VON ORTEN

Die Welt erfahren Menschen also zunehmend als eine Aneinanderreihung von Ereignissen – und nicht mehr als Kontinuum, wie in früheren Zeiten. Das Sein wird zum Dabeisein. Und wenn man gerade nicht dabei sein kann, so ist alles auch irgendwo gespeichert oder wiederkommend. Selbst die momentan in Mode geratende Pop-up-Kultur – man denke nur an die Pop-up-Hotels – hilft nur kurz. Denn im Pop-up liegt das Versprechen der zeitlich begrenzten Einzigartigkeit, man muss dabei gewesen sein. Sonst hat man es verpasst. Aber schnell lernen wir:

future will not be characterized by banality, but by skill and exceptionality. As a society steeped in travel, we will be looking for more profound experiences and for touching moments. Fun, but well done. Recreation, but authentic. An example: a person who has health on his or her agenda does not want wellness or a bit of massage. That person wants to arrive at a proper and profound understanding of his or her body. Someone in search of inspiration does not just want a map of a city; he or she wants to locate unexpected, hidden hot spots and have contact with locals, impressions more intense than the norm. And because in a hyperculture everything continuously leaves digital traces, urban travellers are already being stylized as city hackers.

If this all sounds too technocratic, there's more in store for you. The technological conquest of the world has just begun, and we are becoming accustomed to the promise at technology's core: that it will function. We can no longer even organize our social capital – alliances and relationships – without technology. We even turn the most intimate aspect of our lives – the search for companionship – over to the trivial programming of big virtual matchmakers. Correspondingly, the demands we place on our travels become intensified. We want to be understood, connected, and looked after – but individually, and the timing has to be just right. In terms of our demands, travelling is becoming more complex, and yet with respect to its implementation, simpler.

Wir haben etwas verpasst, aber etwas anderes wird kommen. Wir haben geradezu ein Überangebot an Pop-ups. Weshalb wir in den kommenden Jahren innerhalb der Hyperkultur, und eben nicht als Gegenentwurf dazu, eine Aufladung des physischen Ortes erfahren. Physische Orte werden eine Renaissance erleben, weil sie in der Hyperkultur die Anker bieten, die wir als physische Wesen brauchen. An Orten erfahren wir uns echt, dort begegnen wir Menschen echt, dort sind unsere gesamten Sinne echt gefordert, und können sich dadurch entspannen. Sendlinger beschreibt das so: »[...] dann sind moderne Hotels Orte, die auch Einheimische gerne besuchen. Das macht den Aufenthalt für Gäste reizvoller. Deswegen glaube ich ja an die Relevanz von Hotels für ihre direkte Nachbarschaft.« Der physische Ort ist unmittelbar, baut direkt eine Beziehung zu uns auf.

Gerade darin liegt die große Kunst der kommenden Jahre: Orte zu schaffen, die ihre Stärke im ungesagt Gesagten haben, die eine Kommunikation und Ausstrahlung aufbauen, und schon damit ein Echo im überforderten Geist der Menschen erzeugen. Dabei liegt es am Können und Geschmack moderner Hoteliers, sich dieses Echos zu bedienen: Will man eine Überreizung der Sinne erreichen, und damit den Gast aus den gewohnten Spuren hebeln, oder vielleicht genau das Gegenteil? Will man ein enges Raster an Sinneseindrücken erwirken, um den Geist des Betrachters zu kanalisieren – wissentlich, dass es dafür erstmal eine Abwehr gibt? Oder schmiegt man sich in die Hyperkultur ein, um zum Home-away-from-Home zu werden – mit Internet, Couch, Fahrrad und 24-Stunden-Fernsehen? Die Entscheidung liegt beim Betreiber eines Ortes, dem

IN A HYPERCULTURE, THE POWER OF PLACE GROWS

Humans increasingly experience the world as a succession of events – and no longer, as in earlier days, as a continuum. "Being" is turning into "physical presence", and in the event that someone is unable to attend, the entire proceedings can be stored or reanimated at a later date. Even the trendy pop-up phenomenon – one need only think of pop-up hotels – is only a brief fix. In a pop-up culture, the promise of uniqueness exists for a limited span of time, so physical presence is a must or you will miss out. But as we quickly learn, if we have missed something, something else will come along. There is a downright glut of pop-ups. That is why in the next few years in hyperculture we will experience a revival of physical locations, not as an attempt to counter the status quo, but because they offer a foothold that we, as physical beings, need. In physical locations we experience our own actual selves and encounter other actual people; this requires all of our senses and therefore helps us to relax. Sendlinger describes this notion as follows: " [...] then modern hotels are places that the locals also enjoy visiting. And that makes a guest's stay more appealing. That is why I believe in the influence of hotels on their surroundings." The physical location is immediate; we enter into a direct relationship with it.

Precisely therein lies the great task of the near future: to create locations whose strength lies

Hotelier. Dieser wird zum Erinnerungsdesigner, denn Hotels sind physische Orte mit physischen Services, welche sich durch die sinnliche Fokussierung in unser Gedächtnis einnisten (können). »Wenn ich von einem späteren Leben im Himmel träume, dann spielt sich alles immer im Ritz in Paris ab.« (Ernest Hemingway)

Die Architektur ist dabei die Hardware dieses Unterfangens, die den physischen Ort manifestiert und zu einem besonderen machen kann. Außerordentliche Bedeutung erhalten die Rituale, die man als Besucherin bzw. Besucher erlebt: Sie sind die Weihung des besonderen Augenblicks; Momente, in denen man Konzentration (Achtung, eine Mangelware der Zukunft!) erfährt. Rituale sind die Software der Orte. Und dann gibt es noch eine dritte Dimension, die wir Flexware nennen. Das Interieur. Das sich – jenseits der unumstößlichen Mauern und fixierten Installationen – als Ermöglicher von Veränderung zeigt. Dazu gehören Möbel. Gerade diesen wird in den kommenden Jahren eine erhöhte Wirkung zukommen. Jenseits von Stuhl und Tisch werden neue Arten von Möbeln den Raum als Flexware definieren und Erlebnisse bestimmen. Wie einst das Sofa die Lounge.

SOFT HEALTH FÜHRT IN DIE ZUKUNFT DER ALLTAGS-GESUNDHEIT

In der beschriebenen Hyperkultur bekommt Reisen also eine andere Bedeutung. Reisen ist alltäglicher, aber zugleich anspruchsvoller. Reisen ist körperlich anstrengend und kostet viel Kraft und Energie. Wer eine Reise auf sich nimmt, möchte an dem Ort, an dem er ankommt, auch »abgeholt« werden, geistig und körperlich. Gerade dem körperlichen Wohlergehen wird in Zukunft mehr Aufmerksamkeit zukommen. Gesundheit wird zum

in that which remains unsaid, which establish communication and exude an aura, and in that manner already elicit a response from the overwhelmed spirit of the people. Accordingly, it is up to the hotelier to employ her capabilities and taste to draw on this echo. Does one want to bring about a tightly woven mesh of sensory impressions to channel the spirit of the observer – intentionally, so that the first response is to block it? Or does one conform to the norm of hyperculture and become a home away from home – replete with Internet, a couch, bicycle, and round-the-clock television? It's up to the operator of the facility – the hotelier – to decide. He or she becomes a memory designer, because hotels are physical locations with physical services that, through sensual focussing, can become embedded in our memories. "When I dream of afterlife in heaven, the action always takes place in the Paris Ritz." (Ernest Hemingway)

The architecture – which is the embodiment of the physical location and can make it a special one – is the hardware for this endeavor. The rituals one experiences as a visitor take on extraordinary significance, they are the consecration of the special moment – times of concentration that in the future will be in short supply. Rituals are a location's software. Then there is a third dimension, which we call flexware: the interior is identified – beyond the massive walls and permanent installations – as an enabler of change. This includes, of course,

essenziellen Treiber der Unterwegs-Gesellschaft. Im Begriff Soft Health, wie er von der Ernährungsexpertin Hanni Rützler formuliert wird, bündelt sich dieser Anspruch: Reisende sehnen sich nach Genuss, aber auch nach Gesundheit im Alltag. Dabei geht es eben nicht um Wellness im herkömmlichen Sinn, sondern um ein Gesundheitskonzept vom verwendeten Material im Bau bis zu den verwendeten Zutaten in der Küche. Dies erscheint aus heutiger Sicht eher luxuriös: Aber die Alltagsanforderungen werden diesen Anspruch auf breiter Front durchsetzen. Orte des Reisens in der Hyperkultur sind also Orte der Gesundheit und des zwischenzeitlichen Ankommens.

the furniture. In the next few years more effects will originate in this realm in particular. New types of furniture will define the space and the experiences had in it – just like the sofa once created new impulses for the lounge.

SOFT HEALTH IS THE KEY TO THE FUTURE OF HEALTH

As described, in hyperculture travel takes on a different significance. Travel increasingly becomes an everyday occurrence, yet more is expected of it. Travelling is physically fatiguing and depletes our energy. A person who makes the effort to travel would like to be met – both mentally and physically – when and where he arrives. In the future, more attention will be directed to mental wellbeing. Health will become the essential driving force of a society on the go. The term "soft health", coined by the nutritionist Hanni Rützler, brings these issues together: travellers long for pleasure – but also for health – in their day-to-day existences. Soft health does not refer to wellness in the conventional sense, but to a comprehensive concept that spans from the selection of materials for the building to the ingredients used in the meals. At present this appears luxurious, but day-to-day demands will make it the *modus operandi.* Therefore, travel destinations in a hyperculture are locations for health and for arrival, be it only for a short time.

Das LOISIUM Hotel in der Südsteiermark mit Weingarten an einem verschneiten Wintermorgen

—

The LOISIUM Hotel in South Styria with vineyard on a snowy winter morning

nächste Seite:
Winternebel zieht über den Weingarten Pool

—

next page:
Winter mist sweeps across the vineyard pool

Frühe Morgenstunde am Pool
—
Early morning at the pool

rechts:
Der schneebedeckte Schlossberg in Ehrenhausen mit dem LOISIUM Hotel in der Morgensonne
—
right:
Dawn breaks over the snow-covered Schlossberg in Ehrenhausen and the LOISIUM Hotel

nächste Seite:
Ehrenhausen in der Abendsonne
—
next page:
Ehrenhausen at dusk

BAUFORTSCHRITT
CONSTRUCTION PROGRESS

01

04

05

08

09

02

03

06

07

01
Bauplatz: der Schlossberg in Ehrenhausen
—
The site prior to construction: Schlossberg in Ehrenhausen

02
Der harte Boden aus Opok ermöglichte den Aushub der 35.000 m³ Baugrube mit nahezu 90-Grad-Böschungen ohne zusätzliche Sicherungsmaßnahmen.
—
Opok soil is so hard that no securing measures were required to excavate 35 000 m³ of it. The sides of the pit are nearly plumb.

03
Abdeckung des Fundaments mit einer bituminösen Dichtplatte
—
Installation of the bituminous seal on the foundations

04
Errichtung der Bodenplatte. Die trapezoide Form des Baukörpers wird sichtbar.
—
Construction of the foundation slab. The building's trapezoidal shape becomes evident.

05
Einbau der Kellergeschosse in die zwölf Meter tiefe Baugrube
—
Construction of the basement in the twelve-meter-deep excavation

06
Rohbau Hotel und Wellnessbereich in Ziegelmassivbauweise
—
Building shell in brick-masonry construction: view of the hotel and wellness area

07
Ein Skelett aus Stahlbeton trägt die drei Obergeschosse.
—
A reinforced-concrete frame supports the three upper levels.

08
Anbringung der Lärchenholzfassade
—
The larch facade is mounted.

09
Hotel (mit Vollwärmeschutz und teilweise angebrachter Holzfassade) und Vinothek
—
Hotel (with its thermal insulation and partially mounted timber facade) and vinotheque

DATEN
DATA

LOISIUM WINE & SPA RESORT SÜDSTEIERMARK
Am Schlossberg 1a, Ehrenhausen, Österreich

Projektinitiatoren: Baugruppe Porr-Mandlbauer-Röck-Pongratz-ArchitekturConsult und LOISIUM-Gruppe
Bauherr und Eigentümer: Ehrenhausen Hotel Entwicklungs- und Errichtungs GmbH, Ehrenhausen
Projektleitung Bau: Michael Kaiser
Betreiber: Ehrenhausen Hotel Betriebs GmbH, Ehrenhausen; Manager: LOISIUM Hotel & Resortentwicklung & Management GmbH, Wien

ARGE LOISIUM EHRENHAUSEN
Porr Bau GmbH-Mandlbauer-Röck-Pongratz
Projektleitung: Manfred Archam
Projektteam: Andreas Göbl, Stefan Hödl, Waltraud Hödl, Robert Keimel, Yvonne Krausler, Roman Pickl, Erich Platl

ARCHITEKTUR
ArchitekturConsult ZT GmbH, Graz
Projektarchitekt: Peter Zinganel
Projektleitung: Andreas Roschitz
Projektteam: Barbara Heier, Fatima Juhasz, Paul Lechner, Werner Niederl, Bernhard Pölzl, Gabriella Selmi, Thomas Wagner
Landschaftsplanung: ko a la Landschaftsplanung – Veronika Oberwalder, Robert Kutscha, Anras, Osttirol
Künstler: Laurent Ajina, Wien/Paris (Wandzeichnung im Hotel); Hugo Schaer, Odessa, Ukraine (»Ehrenhausner Weingeschichten« in der Vinothek); Erich Steininger, Rappottenstein (Holzschnitte im gesamten öffentlichen Raum und in den Zimmern)

Initiators: Porr-Mandlbauer-Röck-Pongratz-ArchitekturConsult Consortium and LOISIUM Group
Client and proprietor: Ehrenhausen Hotel Entwicklungs- und Errichtungs GmbH, Ehrenhausen
Project management (architecture): Michael Kaiser
Operator: Ehrenhausen Hotel Betriebs GmbH, Ehrenhausen
Manager: LOISIUM Hotel & Resort Development & Management GmbH, Vienna

ARGE LOISIUM EHRENHAUSEN
Porr Bau GmbH-Mandlbauer-Röck-Pongratz
Project management: Manfred Archam
Project team: Andreas Göbl, Stefan Hödl, Waltraud Hödl, Robert Keimel, Yvonne Krausler, Roman Pickl, Erich Platl

ARCHITECTURE:
ArchitekturConsult ZT GmbH, Graz
Project architect: Peter Zinganel
Project team: Barbara Heier, Fatima Juhasz, Paul Lechner, Werner Niederl, Bernhard Pölzl, Andreas Roschitz, Gabriella Selmi, Thomas Wagner
Landscape architecture: ko a la Landschaftsplanung – Veronika Oberwalder, Robert Kutscha, Anras, East Tyrol
Artists: Laurent Ajina, Vienna/Paris (mural in the hotel); Hugo Schaer, Odessa, Ukraine (*Ehrenhausner Weingeschichten* [Wine Stories of Ehrenhausen] in the vinotheque); Erich Steininger, Rappottenstein (woodblock prints in all spaces accessible to the general public and in the guest rooms)
Structural engineering: Thomas Lorenz ZT GmbH, Graz

Statik: Thomas Lorenz ZT GmbH, Graz
Bauphysik: Tomberger-BBM GmbH, Graz
Elektro: Klauss Elektro-Anlagen Planungsgesellschaft m.b.H., Graz
Haustechnik: Pechmann GmbH, Kumberg

INNENARCHITEKTUR
BEHF Ebner Hasenauer Ferenczy ZT GmbH, Wien
Projektarchitekt: Stephan Ferenczy
Projektteam: Sonja Bandini, Thomas Ehrenfried, Erich Grassler, Ingo Hartmann, Bernd Oberwinkler
Lichtplanung: Designbüro Christian Ploderer, Wien; XAL GmbH, Graz
Lichtausstattung: XAL GmbH, Graz
Möbel: Zehetner HandelsgmbH, Gerersdorf

Raumprogramm: 105 Hotelzimmer (85 Doppelzimmer, 20 Suiten), Loungebereich mit Hotelbar und Terrasse, Restaurants »Steirische Weinkuchl« und »Wine & Dine«, 1.400 m² Wine & Beauty Spa mit beheiztem Weingarten Pool, Relax- & Liegezonen sowie Saunabereich und Liegewiese im Weingarten, 400 m² Konferenz- und Eventzentrum, Erlebnisvinothek LOISIUM Südsteiermark mit zwei Weinseparees, 25.000 m² Weingarten rund um das Hotel.
Kategorie: 4-Sterne-Superior-Hotel
Grundstücksfläche: 23.006 m²
Bruttogeschossfläche: 9.728 m²
Nutzfläche: 8.096,46 m²
Umbauter Raum: 37.003 m³
Bebaute Fläche: 2.774 m²
Planungsbeginn: 2010
Bauzeit: November 2010 – Juni 2012
Baukosten: 19,8 Mio. Euro

Building physics: Tomberger-BBM GmbH, Graz
Electrical planning: Klauss Elektro-Anlagen Planungsgesellschaft m.b.H., Graz
Building services: Pechmann GmbH, Kumberg

INTERIOR ARCHITECTURE:
BEHF *Ebner Hasenauer Ferenczy ZT GmbH*, Vienna
Project architect: Stephan Ferenczy
Project team: Sonja Bandini, Thomas Ehrenfried, Erich Grassler, Ingo Hartmann, Bernd Oberwinkler
Lighting design: Designbüro Christian Ploderer, Vienna; XAL, Graz
Luminaires: XAL, Graz
Furniture: Zehetner HandelsgmbH, Gerersdorf

Amenities: 105 hotel rooms (85 double rooms, 20 suites); lounge with hotel bar and terrace; two restaurants – *Steirische Weinkuchl* and *Wine & Dine*; 1400 m² Wine & Beauty Spa with heated vineyard pool, zones for relaxation, as well as sauna and lawn in the vineyard; 400 m² conference and event center; Vinotheque Experience LOISIUM Südsteiermark, with two zoned off areas; 25 000 m² vineyard surrounding the hotel.
Category: 4-star superior hotel
Site area: 23 006 m²
Gross floor area: 9728 m²
Net floor area: 8096.46 m²
Cubage: 37 003 m³
Built-up area: 2774 m²
Start of construction: 2010
Construction time: November 2010 to June 2012
Construction costs: 19 800 000 euros

BIOGRAFIEN
BIOGRAPHIES

ARCHITEKTURCONSULT ZT GMBH
Muchargasse 30, 8010 Graz
www.archconsult.com
www.zinganel.at

1998 gründete Günther Domenig (1934–2012), Mitbegründer und einer der wichtigsten Vertreter der »Grazer Schule« der Architektur, ArchitekturConsult mit Hermann Eisenköck und Herfried Peyker. Heute wird das Büro von den fünf Partnern Hermann Eisenköck, Christian Halm, Herfried Peyker, Thomas Schwed und Peter Zinganel geführt.

Die Leistungen von ArchitekturConsult umfassen Wohn-, Industrie- und Bürobauten (z. B. T-Center St. Marx, Wien), Universitäts- und Schulgebäude, ebenso Krankenhäuser oder Museen (z. B. Gironcoli Museum, Herberstein). Die rund 90 Mitarbeiterinnen und Mitarbeiter sind auf insgesamt drei Standorten in Graz, Wien und Linz verteilt.

PETER ZINGANEL
geboren 1959 in Graz. Architekturstudium an der Technischen Universität Graz. Von 1983–1996 bei Günther Domenig bzw. der Bürogemeinschaft Domenig-Eisenköck. Seit 1990 entstehen eigene Architektur-, Kunst- und Ausstellungsprojekte. Lehrt seit 1991 an der TU Graz.

Das Architekturbüro zinganel.at wurde 1996 gegründet und arbeitet auch mit Partnerschaften in den Sektoren Gesundheitswesen, Gewerbebau, Tourismus sowie im Bereich ökologisches und energieeffizientes Bauen. Seit 2008 Partner der ArchitekturConsult ZT Gmbh Graz/Wien. Zahlreiche Ausstellungsbeteiligungen sowie

In 1998 Günther Domenig, Hermann Eisenköck and Herfried Peyker established the firm ArchitekturConsult. Domenig (1934–2012) was co-founder and a leading figure of the architectural movement the Graz School. The office is presently directed by five partners: Hermann Eisenköck, Christian Halm, Herfried Peyker, Thomas Schwed and Peter Zinganel.

ArchitekturConsult's work comprises residential, industrial and office buildings (e.g., T-Center St. Marx, Vienna), university and school buildings, as well as hospitals and museums (e.g., Gironcoli Museum, Herberstein). In its offices in Graz, Vienna and Linz, ArchitekturConsult has a total of 90 employees.

PETER ZINGANEL
Born 1959 in Graz. Studied architecture at the Graz University of Technology. From 1983 to 1996 he was employed by Günther Domenig and by the Domenig-Eisenköck office partnership. Since 1990 he has also worked independently on projects in architecture and art, and has contributed to exhibitions. Zinganel has taught at the Graz University of Technology since 1991.

The architecture firm zinganel.at was established in 1996 and works, often in

Verleihung von Preisen (Steirischer Holzbaupreis 2008 und 2010, Architekt des Jahres 2011).

PROJEKTE (AUSWAHL):
1992 Bundesanstalt für Pflanzenbau, Gleisdorf
1999 Internationale Gartenschau, Unterpremstätten
2002 Forum Stadtpark, Graz
2002 Impulszentrum, Lebring
2004 Ökopark, Hartberg
2006 LKH Funktionstrakt, Fürstenfeld
2008 LKH-Erweiterungen, Bruck an der Mur
2006 Studentenheim »greenbox«, Graz
2007 HTBLA, Arnfels
2012 Massive Housing Holzwohnbau-Graz, Timber in Town, Graz

ALS VERANTWORTLICHER PROJEKTARCHITEKT DER ARCHITEKTURCONSULT ZT GMBH
2009 Werksneubau ELIN EBG Motoren, Weiz
2011 Anton Paar ShapeTec, Wundschuh
2012 Anton Paar Forschungszentrum, Graz
2012 LOISIUM Wine & Spa Resort, Ehrenhausen
2013 LOISIUM Wine & Living Residences, Ehrenhausen

partnership with other firms, in the health services, for commercial clients, and in the tourism industry, as well as in ecological and energy-efficient construction. In 2008 Zinganel became a partner in the firm ArchitekturConsult ZT Gmbh Graz/Vienna. The firm has participated in numerous exhibitions, and been the recipient of diverse awards (Prize of the Styrian Wood Industry in 2008 and 2010, Architect of the Year in 2011).

SELECTED PROJECTS:
1992 Federal Institute of Horticulture, Gleisdorf
1999 International Garden Exposition, Unterpremstätten
2002 Forum Stadtpark, Graz
2002 Impulszentrum, Lebring
2004 Ecopark, Hartberg
2006 New wing at the state hospital in Fürstenfeld
2008 Additions to the state hospital in Bruck an der Mur
2006 Greenbox dormitory, Graz
2007 Technical high school, Arnfels
2012 Timber in Town (apartment buildings in timber construction), Graz

AS PROJECT ARCHITECT AT ARCHITEKTURCONSULT ZT GMBH
2009 ELIN EBG Motors, production plant, Weiz
2011 Anton Paar ShapeTec, Wundschuh
2012 Anton Paar Research Center, Graz
2012 LOISIUM Wine & Spa Resort, Ehrenhausen
2013 LOISIUM Wine & Living Residences, Ehrenhausen

BEHF EBNER HASENAUER FERENCZY ZT GMBH
Kaiserstraße 41, 1070 Wien
www.behf.at

BEHF wurde 1995 gegründet und ist mit 100 Mitarbeiterinnen und Mitarbeitern eines der größeren österreichischen Architekturbüros und arbeitet hauptsächlich für österreichische Auftraggeber bzw. für solche, die in Österreich ansässig sind. Es werden auch Projekte im CEE-Bereich in ganz Europa, im Nahen Osten und in Asien betreut. Ebenso tritt BEHF als Friendly Partner für internationale Büros bei Projekten in Österreich auf.

Das Leistungsspektrum umfasst die Geschäftsfelder Retail und Center, Office, Refurbishment, Residential, Interior, im Besonderen Restaurants und Hotels; es werden Teilleistungen abgewickelt, wie örtliche Bauaufsicht, Ausschreibung, Vergabe und Abwicklung, aber auch Generalplanungen ausgeführt.

BEHF ist mit zahlreichen Anerkennungen und Architekturpreisen ausgezeichnet worden. BEHF Hospitality Design ist weit über die Grenzen des Landes bekannt, unter anderem für die Projekte Fabios, Motto und Motto am Fluss, Merkur am Hohen Markt, die A1-Filialen und das neue LOISIUM Wine & Spa Resort in Ehrenhausen.

PROJEKTE (AUSWAHL):
1998 Headquarter Rutter Immobilien, Klagenfurt
2002/2012 Restaurant Fabios, Wien
2004 Wohnbau Kollmayergasse, Wien
Seit 2005 Relaunch der A1 Shops in Österreich sowie in Zentral- und Osteuropa
2008 Restaurant Motto, Wien

BEHF was established in 1995 and, with 100 employees, is one of Austria's largest architecture firms. It works primarily for Austrian clients and firms that are based in Austria. BEHF also realizes projects throughout Europe (with a focus on Central and Eastern Europe), the Near East and in Asia, and serves as local partner for international offices' projects in Austria.

The office has wide experience with commercial, office, refurbishment, residential and interior – particularly, restaurants and hotels – projects. BEHF offers discrete services, such as site supervision, specifications, awarding contracts and project management, or comprehensive services.

BEHF has received considerable recognition and numerous prizes for its work. BEHF's hospitality design is renowned far beyond Austria's borders for projects such as Fabios, Motto and Motto am Fluss, Merkur am Hohen Markt, the A1 branch stores, and the new LOISIUM Wine & Spa Resort in Ehrenhausen.

SELECTED PROJECTS:
1998 headquarters of Rutter Immobilien, Klagenfurt
2002/2012 Fabios, restaurant, Vienna

2009 eo Einkaufszentrum, Oberwart
2009 Wohngebäude »the waltz apartment building«, Manila, Philippinen (in Bau)
2011 Wohngemeinschaftshaus CityCom2, Wien
2012 Merkur am Hohen Markt, Wien

STEPHAN FERENCZY
geboren 1960 in Hamburg. Architekturstudium an der Universität für angewandte Kunst, Wien (Meisterklasse Wilhelm Holzbauer), 1995 Gründung von BEHF Architekten, seit 1997 Ziviltechniker.

PROJEKTE (AUSWAHL):
2004 Asia Restaurant Yellow, Wien
2006 Conceptstore 2006Feb01, Wien
2010 Restaurant Motto am Fluss, Wien
2011 Refurbishment MGC, Wien
2012 Refurbishment Mövenpick, Prag, Tschechien
2012 LOISIUM Wine & Spa Resort, Ehrenhausen

2004 apartment building on Kollmayergasse, Vienna
Since 2005 re-launch of the A1 Shops in Austria and in Central and Eastern Europe
2008 Motto, restaurant, Vienna
2009 eo shopping center, Oberwart
2009 the waltz apartment building, Manila, Philippines (under construction)
2011 CityCom2, residential cooperative, Vienna
2012 Merkur am Hohen Markt, upscale grocery store and delicatessen, Vienna

STEPHAN FERENCZY
Born 1960 in Hamburg. He studied architecture at the University of Applied Arts, Vienna (Wilhelm Holzbauer's master class), and in 1995 established BEHF Architekten. He has worked as a registered architect since 1997.

SELECTED PROJECTS:
2004 Yellow, restaurant, Vienna
2006 2006Feb01, concept store, Vienna
2010 Motto am Fluss, restaurant, Vienna
2011 MGC, refurbishment, Vienna
2012 Mövenpick, refurbishment, Prague
2012 LOISIUM Wine & Spa Resort, Ehrenhausen

AUTORINNEN UND AUTOREN
AUTHORS

GEORG BLIEM

geboren 1958. Absolvent der Tourismusakademie Schloss Klessheim in Salzburg. Nachfolgend u. a. Tätigkeiten bei internationalen Reiseunternehmen in Deutschland und Österreich. Vorstand bei Sport- und Kulturveranstaltungen, Pressechef des Ski-Weltcups, Tourismusdirektor Regionalverband Dachstein-Tauern. Ist gemeinsam mit seiner Frau Eigentümer des Vier-Sterne-Hotels Hauser Kaibling in Haus im Ennstal. Seit 2004 Geschäftsführer von Steiermark Tourismus. Ab 2014 Geschäftsführer der Planai-Hochwurzen-Bahnen GmbH.

HARRY GATTERER

Gründung seines ersten Unternehmens, dem »Wohnatelier Kufstein/Kitzbühel«, im Alter von 20 Jahren. Mit den Erfahrungen aus der unternehmerischen Praxis kam er über das Design zur Trendforschung und etablierte im Jahr 2002 die Lifestyle Foundation für Design- und Trendberatung. 2007–2009 Vorsitzender der Jungen Wirtschaft Österreich. Seit 2010 ist er Geschäftsführer des Zukunftsinstituts Österreich (www.zukunftsinstitut.de) und Experte für »New Living«. Seine Schwerpunkte: die Zukunft von Leben und Arbeit, neue Lebensstile und ihre Wirkung auf Gesellschaft, Unternehmen, Konsum und Freizeit. Publikationen (Auswahl): *Hotel der Zukunft – Die wichtigsten Trendfelder für die Hotellerie*, 2010; *Travel Trends – Wie wir in Zukunft reisen werden*, 2011; *work:design – Die Zukunft der Arbeit gestalten*, 2012.

STEPHAN GILLICH

geboren 1941 in Celarevo in der Vojvodina. Diplomingenieur für Kulturtechnik und Wasserwirtschaft. Begann 1969 seine Tätigkeit bei der Porr AG, nachfolgend führende Positionen in der Porr-Gruppe, ab 1982 Filialleitung Porr Steiermark, ab 1985 Aufbau Rohstoffgruppe der Porr, ab 1991 Vorstand Porr Technobau und Umwelt AG. 1999 Vorstandsvorsitz bei der

GEORG BLIEM

Born 1958. Graduate of the Schloss Klessheim Tourism Academy in Salzburg. He has worked at international travel agencies in Germany and Austria, and is on the board of directors of various sport and cultural organizations. He is the chief press officer for the Ski World Cup, and the director of tourism at the Dachstein-Tauern Regional Association. He and his wife own the four-star hotel *Hauser Kaibling* in Haus im Ennstal. He has been the executive director of *Steiermark Tourismus* since 2004, and will be the executive director of *Planai-Hochwurzen-Bahnen GmbH* (a ski lift association) from 2014.

HARRY GATTERER

Founded his first business, the *Wohnatelier Kufstein/Kitzbühel*, at the age of twenty. With his entrepreneurial experience he proceeded, by way of product and interior design, to trend research and in 2002 established the Lifestyle Foundation, a design and trend consultancy. From 2007 to 2009 he was chairman of *Junge Wirtschaft Österreich*. Since 2010 Harry Gatterer has served as executive director of *Zukunftsinstitut Österreich* (www.zukunftsinstitut.de) and as a consultant on "New Living". His specialties include the future of dwellings and workplaces, new lifestyles and their influence on society, business, consumption and recreation. Selected publications: *Hotel der Zukunft – Die wichtigsten Trendfelder für die Hotellerie*, 2010; *Travel Trends – Wie wir in Zukunft reisen werden*, 2011; *work:design – Die Zukunft der Arbeit gestalten*, 2012.

STEPHAN GILLICH

Born 1941 in Celarevo (Vojvodina). He holds a Master's degree in land and water management. He began to work for Porr AG in 1969, subsequently holding various management positions in the Porr Group, including head of Porr Styria (from 1982), member of the Porr Raw Materials group (from 1985), and

Porr Technobau und Umwelt AG und Vorstandsvorsitz bei der Porr Projekt und Hochbau AG. 2009 Antritt des Ruhestandes, jedoch weiterhin als Konsulent für Porr tätig. 2006 Verleihung des Silbernen Ehrenzeichens der Republik Österreich.

GUDRUN HAUSEGGER
Kunst- und Architekturhistorikerin (Universität Wien; UCLA/USA, Department of Architecture and Urban Design, 2003 Master of Arts in Architecture). 1996–1998 PR- und Kommunikationsarbeit für das Architekturbüro Coop Himmelb(l)au, 1998–2000 Lehrauftrag an der Universität für angewandte Kunst in Wien. Seit 1998 wiederholt Projektleitungen im Architekturzentrum Wien. Redaktionsmitglied der Fachzeitschriften Architektur & Bauforum und Zuschnitt, Wien. Seit 2013 in der Internet-Redaktion von proHolz Austria. Betreut Publikationen für Institutionen sowie für private Kunden.

WERNER SCHANDOR
geboren 1967, lebt in Graz. Texter, Autor, Journalist. Betreibt die PR-Agentur Textbox (www.textbox.at) und gibt das Feuilletonmagazin »schreibkraft« heraus (www.schreibkraft.adm.at). Lehraufträge für professionelles Texten und kreatives Schreiben an der FH Joanneum (Studiengang »Journalismus und PR«) und am Institut für Germanistik der Universität Graz. 2010 erschien sein Reiseführer *Steirisches Wein- und Hügelland* im Falter Verlag, 2011 der Erzählband *Ruby lebt* in der südweststeirischen Edition Kürbis.

a member of the Porr Environmental Engineering board of directors (from 1991). In 1999 he became chairman of the Porr Environmental Engineering board of directors and chairman of the Porr Building Construction Division board of directors. Gillich retired in 2009, but continues to serve as a consultant to Porr. In 2006 he was awarded the Decoration of Honor in Silver of the Republic of Austria.

GUDRUN HAUSEGGER
Art and architecture historian (University of Vienna; UCLA, Department of Architecture and Urban Design, Master of Arts in Architecture, 2003). From 1996 to 1998 she worked in the public relations department at the architecture firm Coop Himmelb(l)au, and from 1998 to 2000 she taught at the University of Applied Arts in Vienna. She has been project leader at the *Architekturzentrum Wien* since 1998, and was a member of the editorial staff of the architecture magazines *Architektur & Bauforum* and *Zuschnitt*, Vienna. In 2013 she joined the internet editorial staff of *proHolz Austria*, and has also produced numerous publications with different institutions and for private clients.

WERNER SCHANDOR
Born 1967, lives in Graz. He is a copywriter, author, and journalist. He operates the public relations agency Textbox (www.textbox.at) and publishes the arts magazine *schreibkraft* (www.schreibkraft.adm.at). He teaches copywriting and creative writing at the Joanneum University of Applied Sciences in Graz (Journalism and Public Relations program) and at the Department of German Philology at the University of Graz. In 2010 his travel guide *Steirisches Wein- und Hügelland* was published by Falter Verlag, and a year later *Ruby lebt*, a collection of short stories, was published by the South Styrian publishing house Edition Kürbis.

LOISIUM Südsteiermark. *in touch with wine and architecture*

Herausgeber / Editor: LIUBISA – Familien-Privatstiftung
Redaktion / Editing: Gudrun Hausegger
Lektorat / Copyediting: Brigitte Ott (Deutsch / German), Stephen Zepke (Englisch / English)
Übersetzungen / Translations: Elise Feiersinger
Grafische Gestaltung und Satz / Graphic design and typesetting: Perndl+Co / Gerhard Bauer, Katy Hetzeneder
Schrift / Typeface: Flama, ITC Century
Papier / Paper: Arctic volume white, 150 g/m^2
Buchbinderei / Binding: Lachenmaier GmbH, Reutlingen
Reproduktionen / Reproductions: Repromayer, Reutlingen
Verlagsherstellung / Production: Ines Sutter
Druck / Printing: Offsetdruckerei Karl Grammlich GmbH, Pliezhausen

Fotonachweis / Photo credits:
ArchitekturConsult ZT GmbH 45–49
ARGE LOISIUM EHRENHAUSEN 102–103
BEHF / Oliver Gast 109
bigshot.at / Christian Jungwirth 20–21, 106
bigshot.at / Werner Schandor 32–35
bigshot.at / Gery Wolf 24–25
Leonhard Hilzensauer 67, 71
Hertha Hurnaus 4, 10–17, 40–41, 52–53, 58–65, 72, 74–87, 95–101
Harry Schiffer Photodesign 9
Margherita Spiluttini 68

Erschienen im / Published by

Hatje Cantz Verlag
Zeppelinstrasse 32
73760 Ostfildern
Deutschland / Germany
Tel. +49 711 4405-200
Fax +49 711 4405-220
www.hatjecantz.com

Hatje Cantz books are available internationally at selected bookstores. For more information about our distribution partners please visit our homepage at www.hatjecantz.com

ISBN 978-3-7757-3671-8
Printed in Germany

Umschlagfoto / Cover photo: Hertha Hurnaus